Gasmotoren-Praxis.

Rathschläge

für

den Ankauf, die Untersuchung und den Betrieb
von Gasmotoren

von

G. Lieckfeld,
Ingenieur in Hannover.

München und Leipzig.
Druck und Verlag von R. Oldenbourg.
1893.

Vorwort.

Seitens des verehrlichen Verlegers des »Journals für Gasbeleuchtung und Wasserversorgung«, Herrn R. Oldenbourg in München, ist an mich die Aufforderung ergangen, die von mir in obiger Zeitschrift veröffentlichten Aufsätze »Aus der Gasmotoren-Praxis« für einen weiteren Leserkreis zu bearbeiten, damit dieselben in Form einer Broschüre herausgegeben werden können.

Indem ich diesem Ersuchen gern nachkomme, gebe ich der Hoffnung Raum, dafs meine Arbeit dazu beitragen möge, das Verständnifs für die Eigenartigkeit des Gasmotors zu fördern und den Umgang mit dieser nützlichen Maschine zu einem angenehmen zu machen.

Hannover im Januar 1893.

G. Lieckfeld.

Inhalts-Verzeichnifs.

Kapitel II.

Die Kraftbremsen und ihre Handhabung zur Ermittelung der Kraftleistung von Gasmotoren.

Seite

Kapitel III.
Über die Bedienung der Gasmotoren.

Kapitel IV.
Über die bei Gasmotoren auftretenden Betriebsstörungen.

Kapitel V.

Gefahren und Vorsichtsmafsregeln beim Umgang mit Gasmotoren.

Kapitel VI.

Das Leuchtgas in seiner Eigenschaft als Krafterzeugungs-mittel.

Kapitel VII.

Tabellen.

Einleitung.

So einfach und übersichtlich der Mechanismus der Gasmotoren im allgemeinen sein mag, so leicht und anstandslos ihre Bedienung auch von statten geht, es ist dennoch nicht jedermanns Sache, sich ein sicheres Urteil über die Güte dieses oder jenes Gasmotorensystemes zu bilden, die sachgemäfse Aufstellung jedes Gasmotors ohne weiteres in die Hand zu nehmen, oder die Ursachen von Betriebsstörungen zu ermitteln und zu beseitigen. Es wird daher vielen Gasmotorenbesitzern und namentlich solchen, die es werden wollen, mit einigen Winken aus der Gasmotoren-Praxis gedient sein, vermöge derer sie sich im grofsen und ganzen ein zutreffendes Urteil über den Wert der verschiedenen Gasmotorensysteme bilden können, sie auf ihre Kraftleistung untersuchen, ihre Aufstellung anordnen und den Betrieb überwachen können.

Die Kapitel, welche in dieser Beziehung zur Besprechung gelangen, sind folgende:

1. Ratschläge für die Auswahl und die zweckmäfsige Aufstellung von Gasmotoren.
2. Die Kraftbremsen und ihre Handhabung bei Ermittelung der Kraftleistung von Gasmotoren.

3. Über die sachgemäße Bedienung der Gasmotoren.
4. Über die bei Gasmotoren auftretenden Betriebsstörungen.
5. Über Gefahren und Vorsichtsmaßregeln beim Umgang mit Gasmotoren.
6. Das Leuchtgas in seiner Eigenschaft als Krafterzeugungsmittel.
7. Tabellen.

Kapitel I.

Ratschläge für die Auswahl und die zweck-
mäfsige Aufstellung von Gasmotoren.

Ein guter Gasmotor soll von einfacher, über-
sichtlicher Konstruktion sein, die Bedienung für
jedermann ohne weiteres verständlich, seine Ausführung tadellos genau und sauber. Beim Betriebe
darf der Motor weder störendes Geräusch noch
Erschütterungen verursachen und sollen sich dem
Auge und Ohre Ungleichmäfsigkeiten im Gange
nicht bemerkbar machen.

Der Verbrauch an Gas und Schmieröl mufs
den Anforderungen genügen, welche man nach
dem jeweiligen Stande des Gasmotorenbaues zu
stellen berechtigt ist.

Die Reinigung und Instandhaltung des Motors
mufs leicht und in kurzer Zeit ausführbar sein.

Das sind im allgemeinen die Punkte, welche
man bei der Prüfung eines Gasmotors ins Auge
zu fassen hat.

Treten wir denselben näher, so ist bezüglich
der Konstruktion zu sagen, dafs die äufsere Form
der Maschine den Eindruck eines soliden und festen
Bauwerkes machen soll. Das Maschinengestell soll
eine breite Basis haben. Der Bewegungsorgane
sollen möglichst wenige sein und das Zustandekommen jeder einzelnen Bewegung selbst sofort
erkennbar. Die Kurbelwellen und Pleuelstangen-
Lager müssen nachstellbar sein. Zur Schmierung

von Kolben und Schieber sind Apparate mit
mechanischer Ölförderung die besten, sie werden
vom Motor selbst betrieben, beginnen und be-
schliefsen also die Ölung unabhängig vom Wärter.
Sogenannte »Öltropfer«, bei denen das Öl nicht me-
chanisch gefördert wird, müssen jedesmal an- und
abgestellt werden, sie schmieren aufserdem nicht
gleichmäfsig, da die anfänglich eingestellte Tropfen-
zahl mit sinkendem Ölspiegel abnimmt; auch sind
solche Apparate sehr leicht der Verstopfung ausgesetzt.

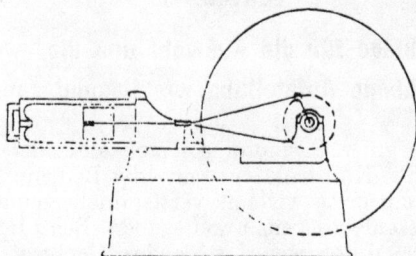

Fig. 1.

Der Arbeitscylinder soll möglichst unabhängig
vom übrigen Maschinengestell und auswechselbar
sein. Bei horizontaler Bauart ist die gesonderte

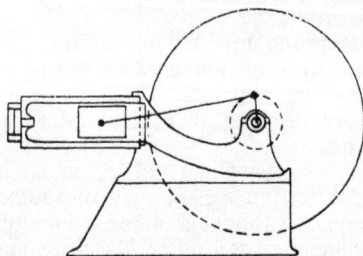

Fig. 2.

Gradführung mit Kreuzkopf Fig. 1 der Bauart,
bei welcher die Führung durch den Kolben selbst
besorgt wird Fig. 2 vorzuziehen.

Wo beschränkter Aufstellungsraum geringe
Ausdehnung des Motors fordert, wähle man horizontale Maschinen o h n e gesonderte Gradführung oder
die vertikale Bauart; sehe aber in beiden Fällen
auf einen l a n g e n u n d l e i c h t e n Kolben. Kolben und Ventile müssen ohne Schwierigkeit in
kürzester Zeit zu entfernen sein. Ventil und Cy-
linderdeckel sollen aufgeschliffen sein, d. h. ohne
Zwischenlage eines Dichtungsmateriales dichten.

Es ist zu empfehlen, sich bei Besichtigung des
Motors den Kolben und das Auslafsventil herausnehmen und wieder einsetzen zu lassen. Diese
Operationen müssen bei Motoren bis zu 4 Pferdekraft von einem Mann in spätestens zehn Minuten
ausführbar sein.

Der Steuermechanismus soll übersichtlich und
mit möglichst w e n i g e n Gelenken konstruirt sein.
Die Gelenkbolzen müssen lang gelagert sein und
in Büchsen laufen. Das Gehäuse des Auslafsven-
tiles bei Motoren über 1 Pferdekraft mufs Wasserkühlung haben.

Die starke Beanspruchung, deren die Kon-
struktionsteile eines Gasmotors ausgesetzt sind, erfordert, dafs ihrer Herstellung die denkbar gröfste
Sorgfalt gewidmet wird, dafs tadellos gutes Material
zur Verwendung gelangt.

Die sinnreichsten und besten Konstruktionen
sind wertlos, wenn sie nicht genau und sauber
zur Ausführung gelangen. Der bekannte Wahl-
spruch eines hervorragenden Maschinenfabrikanten:
»G u t e A r b e i t ist mein bestes Patent« gilt für
keine Maschine mehr wie für den Gasmotor. Nicht
immer sind die nach den neuesten Patenten ge-
bauten Motoren die besten. Mit Vorsicht und
Sorgfalt gehe man also an die Prüfung der Ausführung eines Gasmotors.

Wer sich zutraut »gute Arbeit« von schlechter
unterscheiden zu können, der versäume nicht, diesen oder jenen Teil des Motors selbst abzunehmen
und selbst wieder an Ort und Stelle zu bringen.
Die Aufschlüsse, welche man bei dieser Gelegenheit über die Art der Ausführung erhält, sind oft
überraschend und ausschlaggebend.

Auch für den weniger Erfahrenen gibt es
Merkmale guter Arbeit, die nicht zu verkennen
sind, bei deren Vorhandensein man annehmen
kann, daſs nunmehr auch im Übrigen der Ausführung die nötige Sorgfalt geschenkt ist. Zu diesen Merk-
malen gehören vor allen Dingen scharf ausgeschnit-
tene Gewinde der Schraubenbolzen und sicher
gehende Muttern, d. h. die Muttern dürfen weder
zu leicht noch zu schwer gehen, sie müssen sich
mit der Hand ohne Kraftanstrengung drehen lassen,
auch die von der Fabrik mitzuliefernden Schrauben-
schlüssel sollen genau zu den Muttern passen.

Ferner müssen alle Gelenk-Verbindungen
»schlieſsend« zusammengearbeitet sein, bei Bewegungen, welche man mit der Hand an den Gelenk-
stangen vornimmt, soll sich ein gleichmäſsig sicherer,
— »weicher« — Gang bemerkbar machen. Jeder
Gelenkbolzen muſs sich durch einen Druck der
Hand aus seinem Lager entfernen lassen, trotzdem
aber das zugehörige Loch genau ausfüllen.

Alle Bolzen, Büchsen, Daumenrollen und
Schleifbacken, überhaupt alle Teile, welche der
Abnutzung unterworfen sind und eine Härtung
nicht ausschlieſsen, müssen auf 2 mm Tiefe »glas-
hart« gehärtet sein. Man überzeuge sich selbst,
durch Probieren mit der Feile, von der Härtung
und lasse sich Bruchproben vorlegen, aus welchen
die Tiefe der Härtung ersichtlich ist. Fabriken,
in denen der Härtung besondere Sorgfalt gewidmet
wird, v e r d i e n e n V e r t r a u e n.

Demnächst ist die Gangart des Motors zu
prüfen. Man lasse sich die Handgriffe zum
»Anlassen« zeigen und versuche es selbst, den
Motor — falls er nicht gröſser wie 6 Pferdekraft
ist — ohne Hilfe in Gang zu setzen. Ohne all
zu groſse Kraftanstrengung muſs das Vorhaben
nach 3 oder 4 vollen Umdrehungen des Schwungrades gelingen.

Hat dann der Motor seine normale Umdrehungsgeschwindigkeit erreicht, so beobachte man
sein Arbeiten; von einem Stoſsen oder Stampfen
im Moment der Zündung darf auch nicht die Spur
zu hören oder zu fühlen sein, auch nicht, wenn

man die Hand an eine ungefährdete Stelle des Cylinders oder Maschinengestelles legt.

Das Schwungrad soll genau »rund laufen«. Berührt man den äufseren Rand des sich drehenden Schwungrades leise streifend mit dem Finger, so darf im Moment der Zündung ein Zittern oder Flattern des Radkranzes nicht fühlbar sein, es würde das auf mangelhafte Lagerung oder zu geringe Dimensionirung der Kurbelwelle hinweisen.

Vorhandene Klinken, Rollen oder Schleifhebel der Steuerung müssen regelmäfsig arbeiten, sie dürfen nicht »abschnappen« oder aus der begonnenen Bahn abgedrängt werden.

Je weniger Geräusch vorhandene Zahnräder machen, je geräuschloser die Ventile, Daumen und Hebel der Steuerung arbeiten, je weniger es zischt und pufft, je weniger es im Motoren-Lokal nach Gas und verbranntem Öl riecht, um so besser ist der Motor konstruirt und ausgeführt, um so angenehmer wird es sich mit ihm umgehen lassen.

Hat man sich in solcher Weise ein Urteil über die Solidität der Konstruktion und die Güte der Ausführung gebildet, so bleibt nur noch übrig, die Ökonomie, d. h. den Gasverbrauch des Motors zu prüfen.

Zu dem Zweck lasse man den etwa vorhandenen Betriebsriemen abwerfen und beobachte das Ein- und Aussetzen der Steuerung beim Leergang des Motors.

Es kann heute verlangt werden, dafs auf einen Einsetzer (Krafthub) 6 Aussetzer (Leergänge) fallen und somit der Gasverbrauch für den Leergang nicht mehr wie $1/7$ von dem des Vollganges beträgt.*) Nunmehr lese man den Gasverbrauch für den Leergang an der Liter-Skala der Gasuhr auf die Dauer von ca. 5 Minuten ab. (Die Liter-Skala befindet sich rechts oben von den Zifferblättern, welche die Kubikmeter anzeigen.)

---

*) Hierbei ist vorausgesetzt, dafs die Regulirung der Geschwindigkeit durch periodischen Vollgang vermittelt wird. Es gibt auch andere Regulirungsmethoden, bei denen dieselbe durch variable Ladung erreicht wird, diese Methoden sind für den Leergang nicht so ökonomisch, geben aber einen regelmäfsigeren Gang.

Gute Gasmotoren sollen, bei nicht zu langem
oder engem Auspuffrohr, für den Leergang an-
nähernd den in nachstehender Tabelle aufgeführten Gaskonsum zeigen.

Gröfse in Pferde-kräften	$1/2$	1	2	4	6	8	10
Gasverbrauch beim Leergang in Litern, für 1 Minute	$2^1/_2$	$3^1/_2$	$5^1/_2$	$10^1/_2$	$20^1/_2$	28	30

Die Gröfse der vollen Kraftleistung und der
damit verbundene Gasverbrauch lassen sich genau
nur mit Hilfe der »Kraftbremse« ermitteln, von
deren Handhabung im folgenden Kapitel ausführ-
lich die Rede sein wird.

Die Gleichmäfsigkeit des Ganges kann ober-
flächlich schon durch das Gehör kontrolirt werden.
Genauere Aufschlüsse erhält man durch Zählen
der Umdrehungen nach der Uhr. Man ermittelt
die Zahl der Umdrehungen einmal beim Leergang
und einmal bei belasteter Maschine, für dieselbe
Zeit — etwa 5 Minuten. — Leer läuft die Maschine
schneller wie belastet, der Unterschied beider Um-
drehungs-Zahlen soll nicht mehr wie 5% betragen.
Das Belasten des Motors kann durch mäfsiges
Andrücken eines Hebebaumes an den Schwungradkranz erfolgen, die volle Belastung, bei der keine
Aussetzer mehr vorkommen, darf dabei nicht erreicht werden.

Im allgemeinen sei noch bemerkt, dafs man
sich vom Fabrikanten ein Attest über die gröfste
Kraftleistung des Motors und über den Gasverbrauch pro Stunde und Pferdekraft bei voller,
halber und viertel Kraftleistung und für den Leergang geben lassen soll. Es darf der Gasverbrauch pro Stunde und Pferdekraft für $1/4$ Belastung allerhöchstens doppelt so hoch, wie für
den Vollgang sein. Bei einem 4pferdigen Motor
ist z. B. der Gasverbrauch für den Vollgang
0,900 cbm, für $1/4$ Belastung 1,700 cbm pro Stunde
und Pferdekraft. Je geringer der Gasverbrauch für
den Leergang ist, um so ökonomischer arbeitet der

Motor im Betriebe, namentlich dann, wenn, wie das
ja im Kleingewerbe meistens der Fall ist, die Kraft-
entnahme sehr variabel ist.

Eine grofse Zahl von Reservestücken für
diesen oder jenen Teil des Motors ist keine Empfehlung für ihn, ebensowenig viele Spezial-Werk-
zeuge zum Auseinandernehmen und Reinigen.
Auch eine weitschweifige, schwer verständliche
Instruktion für die Aufstellung und Wartung be-
deutet nichts Gutes, es ist ratsam, sich eine solche
vor Abschlufs des Kaufes zu erbitten.

Man scheue nicht die Kosten einer Reise, um
sich längere Zeit arbeitende Motoren verschiedener
Systeme im Betriebe anzusehen, höre die Ansichten
der Besitzer und Wärter und kontrolire selbst die
Beanspruchung dieser Motoren durch Zählen der
Ein- und Aussetzer. Nur die Motoren, welche bei
starker Beanspruchung ihren Dienst Jahre hindurch
ohne Betriebsstörung verrichtet haben, bilden eine
Empfehlung für ihren Fabrikanten.

Nicht oft genug kann hervorgehoben werden,
dafs es vor allen Dingen auf die Dauerhaftigkeit
und die Betriebssicherheit eines Motors ankommt,
denn diese Eigenschaften sind es allein, welche die
sichere Grundlage für langen ungestörten Gebrauch
der Maschine abgeben. Billigkeit, geringer Gas-
und Ölverbrauch kommen erst in zweiter Linie.

Hinsichtlich der Stärke des zu wählenden
Motors mag folgendes erwähnt werden: Von der
Mehrzahl unzufriedener Gasmotorenbesitzer wird
man Klagen über undichten Kolben hören. Werden
die Betriebsverhältnisse solcher Anlagen untersucht,
so ergibt sich fast regelmäfsig, dafs von vornherein
die Stärke des Motors zu klein gewählt und derselbe stets überanstrengt war.

Ein Gasmotor, welcher dauernd mit vollen
Ladungen arbeitet, er mag konstruirt sein, wie er
will, ist überanstrengt und wird immer in verhältnissmäfsig kurzer Zeit ruinirt sein. Cylinder und
Kolben der Gasmotoren sollen nämlich nicht allein
von aufsen durch Wasser gekühlt werden, es gehört dazu — namentlich bei grofsen Motoren — auch
eine innere Kühlung durch kalte Luft. Diese er-

gibt sich von selbst bei den Motoren mit Regulirung durch periodischen Vollgang, wenn in regel-
mäßiger Folge »Aussetzer« eintreten und nur kalte
Luft angesaugt wird, die in direkte Berührung mit
den innern Cylinderwandungen und dem Kolben-
boden tritt.

Im Betriebe müssen also bei voller Belastung
des Motors immer noch Aussetzer eintreten und
deshalb geben einsichtsvolle Gasmotorenfabriken
ihren Motoren solche Dimensionen, daß sie bei
dauernd vollen Ladungen, also dann, wenn keine
Aussetzer mehr eintreten, 20—25 % mehr Kraft
entwickeln, wie die Stärke, unter welcher sie ver-
kauft werden, angibt.

Aus diesen Betrachtungen ergibt sich ferner,
daß den Motoren mit Regulirung durch periodischen Vollgang unter gleichen Betriebsverhält-
nissen eine längere Lebensdauer zu prophezeien
ist wie denen, welche mit variablen Ladungen arbeiten.

Wer Gelegenheit hat, mit Gewerbetreibenden
über die Anlage von Gasmotoren zu verhandeln,
wird die Bemerkung machen, daß in diesen Kreisen
allgemein die Ansicht verbreitet ist, die Kosten
einer betriebsfertigen Gasmotoren-Anlage wären
mit dem Kaufpreis für den Motor gedeckt. Dem
ist durchaus nicht so, vielmehr erhöhen die Auf-
stellungskosten das Anlage-Kapital oft ganz erheblich.

Bei Aufstellung des Kosten-Anschlages sind
folgende Positionen in Anrechnung zu bringen:

a. Für das aufzuwendende Kapital.

1. Kaufpreis des Motors.
2. Transportkosten des Motors und der Neben-
   teile bis zum Aufstellungsplatz.
3. Herstellung des Fundamentes und der son-
   stigen Bauarbeiten.
4. Kosten für die Herstellung und Anbringung sämmtlicher Rohrleitungen (Gasleitung,
   mit Gasdruck-Regulator, Wasserleitung, Auspuffleitung, Luftleitung und event. Abfluß-
   kanal für das Kühlwasser).

5. Falls Wasserleitung nicht zur Verfügung
steht, die Anschaffungskosten für ein Kühlgefäfs oder einen Rippenkühler, mit zuge-
hörigen Rohrleitungen.
6. Kosten der Montage, d. h. Reisekosten, Logis,
Kost und Arbeitslohn für den Monteur.
Lohn für die Hilfsarbeiter. — Je nach
Gröfse des Motors kann man für die reine
Montagearbeit durchschnittlich folgende Zeit
in Anschlag bringen: Für Motoren bis
2 Pferdekraft 3 Tage, bis 6 Pferdekraft
5 Tage, bis 16 Pferdekraft 10 Tage. —

b. Für die Betriebs-Unkosten.

1. Zinsen für das angelegte Kapital.
2. Amortisation und Reparaturkosten für den
Motor 10%, für die anderen Teile der Anlage 5%.
3. Lokalmiete.
4. Kosten für Gas, Kühlwasser, Schmieröl,
Putzwolle etc. — Als Gasverbrauch rechne
man bei kleinen Motoren für die Pferdekraft
und Stunde 1,2 cbm, bei mittleren Gröfsen
1 cbm und bei grofsen Motoren 0,8 cbm. —
Kühlwasserverbrauch für die Pferdekraft
und Stunde bei kleinen Motoren 40 l, bei
mittleren 35 l, bei grofsen 30 l. —
Der Ölverbrauch ist je nach Konstruktion
des Motors, ob vertikale oder horizontale
Bauart, ob mit oder ohne Schieber arbei-
tend, sehr verschieden.   Man lasse sich in
dieser Beziehung Angaben von den betreffenden Fabrikanten machen.
Gutes Gasmotorenöl kostet heute in Quan.-
titäten bis 25 kg 80 M. pro 100 kg, in Bar-
rels von ca. 160 kg Inhalt pro 100 kg 75 M.
5. Kosten für die Wartung und Reinigung
des Motors sind durchschnittlich mit dem
Lohn für 1 Stunde pro Tag in Anrechnung
zu bringen.
Gehen wir jezt zu den Fragen über, welche bei
Aufstellung des Gasmotors besonders zu berücksichtigen sind:

Vor allem ist es die Wahl des Aufstellungsortes
selbst, die gründlich erwogen sein will. Wenn irgend
angängig, soll der Motor in einem besonderen Raume,
vom anderen Betriebe getrennt, aufgestellt werden.
In Tischlereien, Sägewerken, Mühlen, Tabaksfabri-
ken, Gießereien, überhaupt für alle die Betriebe, bei
denen Staubentwickelung unvermeidlich ist, muß
der Motor seinen abgeschlossenen Raum haben;
steht derselbe nicht zur Verfügung, so ist ein
dichter Bretterverschlag mit Fenstern herzurichten.

Das Motorenlokal sei hell und so geräumig,
daß der Motor von allen Seiten bequem zugäng-
lich bleibt, auf der Seite des Schwungrades, wo
man sich zum »Anlassen« aufzustellen hat, soll
möglichst 1 m Raum bleiben.

Aus der Aufstellung des Motors ergebe sich
eine einfache Transmission (ein gekreuzter Antriebs-
riemen ist zu vermeiden). Die Gas und Auspuffleitungen seien so kurz und gradlinig wie möglich.
Die Nachbaren von Gasmotoren-Anlagen erheben
sehr häufig Beschwerden über Geräusch und Geruch der Auspuffgase; von vornherein sind Vor-
kehrungen zu treffen, daß solcherlei Einsprachen
vermieden werden. Gar manchem Gasmotorenbesitzer ist die erste Freude über seine wohlge-
lungene Anlage durch die erzürnte Nachbarschaft
schon recht gründlich verdorben worden.

Sind diese Vorfragen erledigt und der Lagen-
plan mit den eingezeichneten Rohrleitungen fertig
gestellt, so kann man mit Ausführung der Bauarbeiten, Herstellung des Fundamentes und schließ-
lich mit Herstellung sämtlicher Rohrleitungen, bis
zum Anschluß an den Motor vorgehen.

Die Zeichnung zum Fundament liefert der
Fabrikant des Motors, aus derselben sind auch
die Weiten der verschiedenen Rohrleitungen, Größe
und Breite der Motoren-Riemscheibe, Umdrehungs-
richtung und manches Andere ersichtlich*).

---

*) Sollte der normale Durchmesser der Motoren-
Riemscheibe nicht im rechten Verhältnisse zur Antriebs-
scheibe auf der Transmission stehen, so ist dem Fabrikanten gleich hiervon Mitteilung zu machen, die passend
veränderte Riemscheibe wird dann meistens kostenlos
geliefert.

Wird der Motor zu ebener Erde aufgestellt, so mufs die Fundamentgrube bis auf den festen (»gewachsenen«) Boden ausgehoben werden. Bei Veranschlagung der Mauerwerkskosten ist dies zu berücksichtigen.

Zu kleinen **Fundamenten,** etwa bis 2 Pferdekraft, wird oft ein einzelner Sandsteinquader verwendet. Als Material für Ziegelsteinfundamente sind hartgebrannte Steine, gut bindender Portland - Zement und ein reiner scharfer Mauersand zu verwenden. Dem Zementmörtel mufs vollauf Zeit zum Abbinden gelassen werden.

Es ist bekannt, dafs Zementmörtel durch längere Einwirkung von Öl erweicht wird. Die Motoren sollen daher mit einem sogenannten »Ölrand« zum Auffangen des überfliefsenden Schmieröles versehen sein. Da es trotzdem nicht zu vermeiden ist, dafs hier und dort dennoch Öl auf das Mauerwerk fliefst, so ersetzt man häufig die oberen 4 oder 5 Schichten des Mauerwerkes durch eine Sandsteinplatte.

Zur Befestigung der Motoren auf **Balkenlagen** in den Etagen von Wohnhäusern ist zu sagen, dafs man sich, namentlich in älteren Häusern, volle Gewifsheit über den guten Zustand und die genügende Stärke der Balken verschaffen soll. Unter allen Umständen müssen die den tragenden Umfassungswänden zunächst liegenden Dielen aufgenommen werden, damit dort alle Balken untersucht werden können. Würde man diese Vorsichtsmafsregel unbeachtet lassen, so liefe man Gefahr, früher oder später mit der Decke durchzubrechen.

Um Federungen der Balkenlage zu vermeiden, rückt man den Motor möglichst in eine Ecke.

Motoren v e r t i k a l e r Bauart über 4 Pferdekraft sollte man nicht mehr in Etagen gewöhnlicher Wohnhäuser aufstellen, es sei denn, dafs Balken und tragendes Mauerwerk entsprechend verstärkt würden.

Kellergewölbe oder Betondecken moderner Wohnhäuser dürfen nicht zur direkten Aufstellung von Gasmotoren benutzt werden, vielmehr mufs in solchen Fällen das Fundament von der Kellersohle bis über Oberkante Gewölbe als gesonderter Pfeiler von genügender Stabilität aufgeführt werden.

Zur Anlage der **Gasleitung** diene folgendes:
Vor allen Dingen sind Rohre von genügender
Weite zu verwenden. Viele Biegungen sind möglichst zu vermeiden. Aus den später angeführten
Rohr-Tabellen ist zu entnehmen, dafs mit zunehmender Entfernung vom Motor die Rohrweiten zu ver-
gröfsern sind.

Wo die Nachbarschaft durch »Zucken« der
Flammen belästigt werden könnte, wo wechselnder
Gasdruck zu vermuten ist, da soll ohne weiteres
ein Gasdruck-Regulator eingeschaltet werden.

Die Führung der Gasleitung durch Räume
verschiedener Temperatur ist möglichst zu vermeiden. Am tiefsten Punkt der Gasleitung, in nächster
Nähe des Motors, bringt man einen $^{1}/_{4}$" Ablafshahn
mit Schlauchstutzen an, der dazu dient, angesam-
meltes Wasser aus der Leitung abzulassen und
nebenbei noch den Zweck erfüllt, nach längerem
Stillstande des Motors das mit Luft verdünnte Gas
aus der Leitung abzublasen; hier kann auch ein
Schlauch angelegt werden, wenn es sich darum
handelt, den Gasdruck zu messen oder eine Flamme
zum Ableuchten bei der Hand zu haben.

Der **Gummibeutel** erfüllt seinen Zweck am besten,
je näher er dem Motor liegt. Die pulsirenden Bewegungen des Beutels befördern das Abrutschen
von den Rohrenden. Da ein Abfallen des Beutels
s e h r gefährliche Situationen herbeiführen kann, so
soll man nicht versäumen, seinen Sitz durch Um-
wickelungen der Schlauchenden gehörig zu sichern.
Öl löst Gummi auf und verwandelt es in eine zähe
klebrige Masse, daher mufs der Gummibeutel aufser
Bereich des »Spritzöles« von Pleuelstange und
Regulator angebracht, oder durch ein Schutzbrett
verdeckt werden.

Zur Anlage der **Kühlvorrichtungen** sei bemerkt,
dafs bei Benutzung von Druckwasserleitung das Ab-
flufsrohr genügende Weite haben mufs, wie solche
in Kapitel VII angeführt sind. Das Wasser mufs
bei den meisten Motorensystemen unten in den
Motor einfliefsen und von oben sichtbar in einen
Fangtrichter abgeführt werden, damit man sich
jederzeit durch Anfühlen des Wassers von der

richtigen Temperatur (nicht über 70° C.) über-
zeugen kann.

Kühlgefäfse dürfen nicht mit dem Motor in
demselben Raum aufgestellt werden, falls derselbe eng begrenzt ist; das Gefäfs ist vielmehr
an einem kühlen Ort zu placiren, der dem Luft-
wechsel ausgesetzt ist, am besten eignet sich dazu
eine unbenutzte Ecke des Hausflures in möglichster
Nähe des Motors.

Je höher das Kühlgefäfs steht, um so lebhafter
die Wasser-Zirkulation. Die Rohrleitung, welche
den Oberteil des Kühlgefäfses mit dem Oberteil des
Motors verbindet, mufs in allen Teilen vom
Motor aus sichtbar steigend gelegt werden.
Für **Rippenkühler** gilt das eben Gesagte in erhöhtem
Mafse. Die Unterkante des Kühlers soll mindestens
1 m über dem unteren Wasseranschlufs des Motors
stehen. Für die Abführung der erwärmten Luft
am oberen Ende des Kühlers und ebenso für Zu-
führung frischer kalter Luft am Fufs desselben
mufs durch entsprechend angebrachte Öffnungen
in der Wand gesorgt werden. Die Verbindungs-
rohre zwischen Kühler und Motor sollen so kurz
wie möglich sein, alle Krümmungen sind hier in
schlanken Bogen auszuführen.

Da der Wasserinhalt des Rippenkühlers bei
seiner Erwärmung einen gröfseren Raum einnimmt,
so mufs durch ein sogenanntes Expansionsgefäfs
dem Wasser Platz geschaffen werden. Das über
dem Kühler angeordnete Expansionsgefäfs wird
nur lose mit einem Deckel bedeckt; seine Verbindung mit dem Kühler erfolgt am besten durch
ein verhältnissmäfsig enges Rohr — etwa $1/2''$ —.
Es nimmt dann das im Expansionsgefäfs angesammelte Wasser an der Erwärmung der übrigen
Wassermasse wenig Teil, der Verlust durch Ver-
dampfung ist gering und ein Nachfüllen nicht oft
erforderlich.

Der Vorzug des Rippenkühlers vor dem Kühlgefäfs besteht darin, dafs in der Wassererwärmung
bald ein Beharrungszustand eintritt, dafs er einen
kleineren Aufstellungsraum beansprucht, ein ge-
ringes Wasserquantum zur Füllung ausreicht und

daſs er zu Heiz- und Ventilationszwecken mit Vorteil benutzt werden kann.

Die Anlage der **Auspuffleitung** bietet oft Schwierigkeiten. Die Verbrennungsprodukte durchströmen diese Leitung mit groſser Geschwindigkeit; groſse Länge, enger Querschnitt, scharfe Biegungen erzeugen einen nicht zu unterschätzenden Gegendruck auf den Arbeitskolben und einen sehr fühlbaren Kraftverlust.

Bis heute gibt es keine Gasmotoren, bei denen der unbeabsichtigte Eintritt unverbrannten Gasgemisches in das Auspuffrohr zu den Unmöglichkeiten gerechnet werden könnte, da es ferner im Arbeitsprinzip des Gasmotors begründet ist, daſs die Entzündung des so entwichenen unverbrannten Gasgemisches früher oder später unausbleiblich erfolgt, so muſs man damit rechnen, und die Wandungen der Auspuffrohre so stark nehmen, daſs sie einen Druck von 5—6 Atm. aushalten. Die Zinkblechrohre der Dachgossen, Thonrohre, gemauerte Schornsteine und Kanäle sind also ein für alle Mal von der Benutzung als Fortleitungsrohre für Auspuffgase ausgeschlossen. Nur schmiedeeiserne oder guſseiserne Rohre von genügender Wandstärke dürfen verwendet werden. Die schon erwähnten unzulässigen scharfen Ecken der Auspuffleitung vermindern nicht nur die Arbeitsleistung, sondern geben auch zu Verstopfungen Veranlassung. Die Verbrennungsprodukte entführen nämlich einen groſsen Teil des Schmieröles in Staubform durch die Rohrleitung ins Freie; wo nun dieser Ölstaub gegen heiſse Kanten der Rohrwand prallt, da verkohlt er und setzt sich fest, es bildet sich die bekannte poröse »Ölkohle«, die sich nach und nach zu einem vollständigen »Gewächs« ausbildet und im Laufe der Jahre den ganzen Rohrquerschnitt ausfüllen kann. Unerklärliche Betriebsstörungen, wie Nachlassen der Kraftäuſserung, groſser Gasverbrauch, Knallen im Lufttopf haben oft ihren Grund in derart verstopften Auspuffleitungen*).

---

*) Bei einem Gasmotor war, trotz sorgsamer Wartung, die Gasrechnung im Laufe eines Jahres von 23 M.

Die Verbrennungsprodukte in Verbindung mit dem kondensirten Wasserdampf greifen das Material der Auspuffleitung stark an. Am schnellsten geht die Oxydation in den horizontalen Strecken der Leitung vor sich, derartige Lagerung der Rohre ist also zu umgehen.

Zur Vermeidung des **Auspuffgeräusches** gibt es verschiedene Mittel: Verengung der Mündung des Auspuffrohres, Einschaltung mehrerer Auspufftöpfe hintereinander, oder Einschaltung einer Batterie von Rippenheizkörpern. Durch eins der beiden letzten Mittel kann das Geräusch v o l l s t ä n d i g beseitigt werden. In allen Fällen wird aber die Kraftäufserung des Motors durch Anwendung dieser Mittel geschwächt.

Luftleitungen zur Herbeiführung guter Betriebsluft erweisen sich oft als nötig, sie dürfen nicht aus Zinkblech oder Weifsblech hergestellt werden; da »Rückschläge« durch die Luftleitung eintreten können, so sind auch hierzu schmiedeeiserne Gasrohre zu verwenden.

Die Luftleitungsrohre und der Teil der Gasleitungsrohre, welcher die Verbindung zwischen Motor und Gummibeutel bildet, sind vor der Anbringung auf's Sorgfältigste durch Ausklopfen und Auswischen von Hammerschlagteilchen, Feilspänen, Sand etc. zu reinigen.

Die »**Montage**« des Motors wird immer am besten durch einen Monteur der betreffenden Fabrik selbst besorgt, begründete Reklamationen können dann vom Fabrikanten nicht unter dem Vorwand fehlerhafter Aufstellung zurückgewiesen werden. Hier

---

pro Monat auf 58 M. angewachsen, ohne dafs eine Vergröfserung des Betriebes stattgefunden hätte. Alle Versuche, die Ursache des Übelstandes zu ergründen, waren vergeblich. Erst nachdem zufällig die Auspuffleitung auseinandergenommen wurde, fand sich an der Einmündungsstelle des 2″ Auspuffrohres in den Auspufftopf eine solche Verengung der Rohröffnung, dafs die gebliebene Öffnung nur noch die Stärke eines kleinen Fingers hatte.

Nach gründlicher Reinigung des Rohres ging der Gasverbrauch wieder auf das ursprüngliche Mafs zurück.

sei über die Montage nur soviel gesagt, dafs alle
Teile des Motors vor der Inbetriebsetzung auseinandergenommen werden müssen, um sie von Staub,
Schmutz und Resten des Verpackungsmateriales zu
reinigen. Das Festziehen der Fundamentanker-
Muttern darf auf keinen Fall vor vollständiger
Erhärtung des Zementgusses stattfinden, mit dem
man den Raum zwischen Maschinengestell und
Fundament auszufüllen hat; namentlich gilt dies
bei horizontalen Motoren. Durch vorzeitiges Anziehen kann das Maschinengestell der Art »ver-
spannt« werden, dafs bei der ersten Inbetriebsetzung sofort ein Warmlaufen bezw. Festfressen der
Kurbelwelle stattfindet. Vor dem Anlassen mufs
immer ein Probedrehen erfolgen. Alle Ventile und
Verschlüsse sind auf Dichthalten zu prüfen. Bevor
man dann schliefslich den Motor in Betrieb setzt,
ist die Luft aus der Gasuhr und der
Gasleitung abzublasen. Am bequemsten be-
werkstelligt man dies dadurch, dafs man den Motor in die Stellung dreht, bei welcher er »Gas
nimmt«. Man öffnet dann den Gashahn und wartet
bis sich starker Gasgeruch am Luftrohr bemerkbar
macht. Bei Motoren mit selbstthätigem Mischventil
ist es nötig, dasselbe während des Abblasens geöffnet zu halten. Selbstverständlich sind dabei alle
Flammen im Lokal zu löschen und die Fenster zu
öffnen.

Kapitel II.

Die Kraftbremsen und ihre Handhabung zur Ermittelung der Kraftleistung von Gasmotoren.

Die Apparate, welche zur Ermittelung motorischer Kraftleistung am häufigsten angewandt werden, gleichen fast vollkommen den bei Windwerken und Hebezeugen aller Art gebräuchlichen Bremsen, sie unterscheiden sich von diesen nur dadurch, dafs der Haltepunkt zum Auffangen des Bremswiderstandes innerhalb gewisser Grenzen beweglich ist, so dafs durch ein dort angebrachtes regulirbares Gewicht der Druck ermittelt werden kann, welchen der Haltepunkt erfahren haben würde, wenn er fest wäre. Legt man die Kraftbremse um die Riemscheibe oder das Schwungrad eines Motors, so kann durch allmähliges Anspannen derselben dem Motor auf beliebig lange Zeit genau so viel Reibungsarbeit aufgebürdet werden, wie er zu leisten imstande ist.

Die Gröfse der Reibungsarbeit, also die Kraftleistung des Motors ergibt sich aus der Geschwindigkeit, mit welcher der Reibungswiderstand überwunden wird und diesem selbst, wie bekannt durch Multiplikation beider Gröfsen.

Die einfachste und älteste der Kraftbremsen ist der in Fig. 3 dargestellte »Prony'sche Zaum«. Bei Benutzung des Apparates werden die Bremsklötze a so lange angespannt, bis sich der Motor bei voller Kraftleistung noch eben mit normaler

Umdrehungsgeschwindigkeit bewegt, alsdann regulirt man die Größe des Belastungsgewichtes Q so, daß es zwischen den Anschlägen c des Ständers d dauernd in der Schwebe erhalten bleibt.

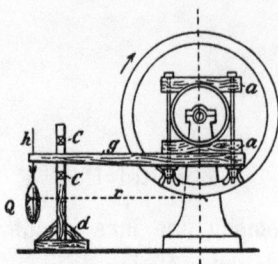

Fig. 3.

Zur Herstellung der Bremse ist möglichst leichtes Holz zu verwenden, die Bremsklötze müssen aus Linden- oder Pappelholz gefertigt werden, sie erhalten auf der Schleiffläche schräglaufende, tiefe und breite Schmiernuten, welche mit konsistentem Fett ausgestrichen werden. Die zum Anziehen der Bremsklötze dienenden Muttern sollen leicht gehen und möglichst lange Flügel haben, damit sie sich mit der Hand leicht und genau einstellen lassen.

Die Bremsscheibe muß Ränder haben, durch welche ein seitliches Abgleiten der Bremse verhindert wird, sie muß genau rund laufen und sicher am Motor befestigt sein.

Zur Aufnahme der einzelnen Gewichtsstücke dient ein Beutel aus starkem Sackleinen. Bei ganz kleinen Motoren kann man das Belastungsgewicht auch direkt mittels einer zwischen Lasthaken und Fußboden eingeschalteten Federwage ermitteln. Sollte die Bremse in der Gleichgewichtsstellung nicht verharren, sondern fortdauernd Schwankungen zwischen den Anschlägen machen, so ist es von sehr guter Wirkung, zwischen die Unterlegscheiben der Spannmuttern und den Bremsklotz ein oder mehrere Gummischeiben zu legen. Hierdurch wird ein weicher Anzug der Spannmuttern ermöglicht und die Einstellung vollzieht sich selbst dann mit

Sicherheit, wenn die Riemscheibe nicht genau rund laufen sollte oder der Bremshebel federt.

Aufser dem direkten Belastungsgewicht Q wird der Reibungswiderstand noch durch einen Teil des Eigengewichtes der Bremse selbst beeinflufst und zwar ist das auf den Aufhängepunkt reduzirte Gewicht des Hebelarmes q dem Q zuzulegen.

q kann durch Rechnung leicht mit annähernder Genauigkeit ermittelt werden, schneller und sicherer läfst sich dieses Gewicht durch direktes Wiegen in folgender Weise bestimmen:

Man klemmt zwischen die Bremsbacken ein leichtes Brettstück, steckt durch ein im Mittelpunkt dieses Brettes befindliches Loch einen Rundeisenstab, legt den Lasthaken auf die Wage und wiegt den Bremshebel, indem das andere Ende der Bremse an dem erwähnten Rundeisenstab in der Schwebe gehalten wird.

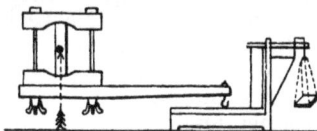

Fig. 4.

Das solcher Art ermittelte Gewicht entspricht dem auf den Gewichtshaken reduzirten Bremshebelgewicht q, wenn der Rundeisenstab so gehalten vird, dafs der Bremshebel dieselbe Lage wie beim Bremsversuch einnimmt, siehe Fig. 4.

Ist dann der senkrechte Abstand des Lasthakens von der Vertikalen durch die Schwungradmitte gleich r in Metern, v die Anzahl der Umdrehungen des Motors in der Sekunde, $Q + q$ das gesammte Belastungsgewicht in Kilogramm, so ergibt sich für die Leistung in Sekunden-Kilogrammmetern

$$L = 2 \times r \times \pi \times v \times (Q + q,)$$

oder, da 75 Sekunden-Kilogrammeter gleich einer Pferdekraft sind

$$L = \frac{2 \times r \times \pi \times v \times (Q + q)}{75} \quad \text{Pferdekraft.}$$

Oft verursacht die Aufstellung des Anschlag-
ständers Unbequemlichkeiten und sieht man namentlich in Gasmotorenfabriken, wo Motoren gleicher
Gröfse immer auf demselben Probirstand gebremst
werden, öfter die in Fig. 5 dargestellte Anordnung
der Bremse ausgeführt.

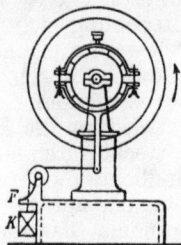

Fig. 5.

Die Bremse ist dann gewöhnlich ganz aus
Schmiedeeisen gefertigt. Da die Gleichgewichtsstellung des Bremshebels mit der Vertikalen zu-
sammenfällt und der ganze Apparat sehr leicht
gehalten werden kann, so trägt das Eigengewicht
wenig zur Vermehrung des Reibungswiderstandes
bei und wird meistens nicht berücksichtigt.
Als Sicherung gegen ein Überschlagen der Bremse
dienen die Fanghörner F, gegen welche sich bei un-
genügender Belastung der Gewichtskasten K legt.

Fig. 6.

Eine dritte Ausführungsart, zu deren Entstehung wohl ebenfalls die Beseitigung des Anschlag-
ständers Veranlassung gegeben haben mag, zeigt
Fig. 6.
Wie ersichtlich hat man hier den Bremshebel
doppelarmig gemacht und benutzt zwei an jedem

Hebelende befestigte Stützen *St*, welche fast den Fußboden erreichen, zum Auffangen der Bremse. Derartig konstruirte Bremsen sind sehr bequem zu handhaben und werden sich in den meisten Fällen auch ohne weiteres anbringen lassen. Beim Arbeiten mit ihnen stellt sich aber der Übelstand heraus, daß ein ruhiger Stand der Bremse schwer zu erreichen ist. Die Massenwirkung des umfangreichen, fast doppelt so schweren Apparates, wie Fig. 3, in Verbindung mit der Elastizität des Holzes, hat zur Folge, daß die Bremse beim Ausschlagen nach rechts oder links vom Fußboden abprallt, und in ein dauerndes Pendeln gerät.

. Meistens ist das Versuchspersonal zu der Annahme geneigt, daß mit Eintritt der erwähnten Pendelschwingungen der Gleichgewichtszustand erreicht wäre; dem ist durchaus nicht so, vielmehr wird man finden, daß das bei ruhig schwebender Bremse ermittelte Bremsresultat ganz erheblich kleiner ausfällt.

Die schon erwähnten Gummi-Unterlegscheiben thun hier vortreffliche Dienste.

Alle Ausführungsarten des Prony'schen Zaumes bedingen das Vorhandensein einer Bremsscheibe mit Seitenrändern, deren Anschaffung und genaue Befestigung am Motor oft mit Schwierigkeiten verknüpft ist.

Da jeder Motor mit einem abgedrehten, genau rund laufenden Schwungrad ausgerüstet ist, so war der Gedanke naheliegend, dasselbe als Bremsscheibe zu benutzen. Bei dem großen Durchmesser und der geringen Breite des Kranzes ist jedoch die beim Prony'schen Zaum benutzte Backenbremse nicht zu verwerten, die Bandbremse erweist sich hier als zweckdienlicher.

Die erste, noch heute allgemein angewandte Kraft-Bandbremse ist zu Ende der siebziger Jahre vom Professor Brauer konstruirt worden. Fig. 7 zeigt dieselbe in ihrer Anwendung an einem vertikalen Gasmotor.

a ist das um den Schwungradkranz geschlungene Bremsband von Eisen oder Stahl, 1—1¹/₂ mm stark, 30—80 mm breit, je nach Größe des Motors.

Klammern b, welche um den Schwungradkranz
greifen, verhüten ein seitliches Abrutschen des
Bandes und bieten, vermöge ihrer gröfseren Metall-
stärke gleichzeitig die Orte dar, an welchen eine
Befestigung der übrigen Armaturstücke durch Ver-
nietung mit Sicherheit erfolgen kann.

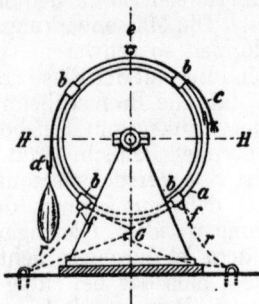

Fig. 7.

c ist die Spannvorrichtung, d der Gewichtshaken, e eine Schmiervorrichtung, f Ösen, an denen
die Halteseile r zur Sicherung gegen das Überschlagen befestigt werden. G ist eine Vorrichtung,
mittels welcher sich die Bremse nach erfolgter
Einstellung selbstthätig in der Schwebe erhält, auch
wenn der Schmierzustand sich ändern sollte.

Zum Verständnifs der aufgezählten Armaturstücke und richtigen Handhabung des Apparates
selbst, sei folgendes bemerkt: das Bremsband ist in
seiner Länge so zu bemessen, dafs auch bei nicht

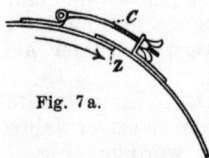

Fig. 7 a.

angezogener Spannschraube die
Zunge Z — siehe Fig. 7 a bis
über die Schlufsstelle des Bandes
hinüberreicht.   Die Drehungs-
richtung des Rades darf nicht
gegen die Zunge Z gerichtet
sein. Die Stellung des Gewichts-
hakens zur Horizontalen $H\,H$ mufs für die Schwebe-
lage so gewählt sein, dafs derselbe nicht über
diese Linie hinaus schwingen kann und sind dementsprechend die Längen der Halteseile zu bemessen.
Würde der Gewichtshaken höher steigen können,

so verkürzt sich der Hebelarm der Last, der Brems-
widerstand vermindert sich, und die Bremse legt
sich in ihrer höchsten Stellung fest.

Ein Haupterfordernifs für die gute und sichere
Durchführung des Bremsversuches mit der Bandbremse ist eine gleichmäfsige reichliche Schmierung.

Die erwähnte Vorrichtung G, Fig. 7 b wird in
Thätigkeit gesetzt, nachdem die Bremse eingestellt ist,
und der Motor den Beharrungszustand erreicht hat.

Schon vor Beginn des Versuches hatte man
die Kurbel der mit schnellsteigendem Gewinde
versehenen Schraube S rechtwinklig zur Schwung-
radebene gedreht, und verbindet nun den Kurbelarm

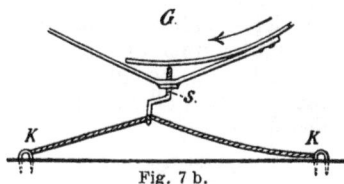

Fig. 7 b.

durch eine Schnur nach rechts und links mit den
Haltepunkten k am Fufsboden. Sollte sich dann
der Schmierzustand der Bremse ändern und bei-
spielsweise das Gewicht steigen wollen, so geht
auch die Schraube S mit, während der Kurbelarm
durch die erwähnte Schnur festgehalten wird, es
mufs also eine Drehung der Schraube S erfolgen,
die ein Entspannen des Bremsbandes bewirkt,
vorausgesetzt, dafs der Kurbelarm vor dem Versuch dementsprechend hingerückt war. Somit
spannt sich also das Bremsband stärker, wenn das
Gewicht sinkt, und mindert seine Spannung, falls
es steigen sollte.

Eine mit dieser Einrichtung versehene Bremse
kann sich nach erreichtem Gleichgewichtszustand
während der ganzen Versuchsdauer selbst über-
lassen bleiben. Das Arbeiten mit der Brauer'-
schen Bandbremse ist aufserordentlich bequem,
und ihre Herstellung mit geringen Unkosten
verknüpft.

Sind die Armaturstücke gleichmäfsig am Umfang der Bremse verteilt, so kann das Eigengewicht

des Apparates vernachlässigt werden. Als wirksamer Hebelarm ist, ebenso wie beim Prony'schen Zaum, der Abstand der beiden Senkrechten durch Schwungradmitte und Aufhängepunkt des Belastungsgewichtes in Rechnung zu ziehen, es würde fehlerhaft sein, ohne weiteres den Schwungradradius vermehrt um den Abstand des Hakens vom Schwungradumfang in Rechnung zu ziehen.

In Gasmotorenfabriken, wo die Bremsen in fortwährender Benutzung sind, wäre es sehr zeitraubend, wollte man in jedem einzelnen Fall den wirksamen Hebelarm durch Messung bestimmen und jedesmal eine Berechnung der Leistung vornehmen. Trifft man Einrichtungen, daſs bei jeder Motorengröſse der erwähnte Hebelarm immer der gleiche bleibt, und immer bei derselben Umdrehungszahl gebremst wird, so gibt schon die Gröſse des Belastungsgewichtes allein einen Maſsstab für die Stärke des Motors.

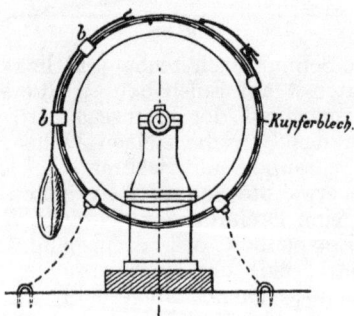

Fig. 8.

In jenen Fabriken findet man daher die Aufhängung etwas modifizirt und nach der in Fig. 8 dargestellten Art ausgeführt. Wie dort ersichtlich, ist der Gewichtshaken bis nahe dem höchsten Punkt der Bremse verlegt, die Last hängt an einem langen Stahlbande, welches auf dem äuſseren Bremsumfang aufliegt, und sich dort bei Schwankungen der Bremse auf und abwickelt, wie leicht ersichtlich, findet nunmehr eine Änderung des wirksamen Hebelarmes für die Last nicht mehr statt, das

Gewicht mag hoch oder tief stehen, es ist immer Gleichgewicht vorhanden, wenn nur b e i d e H a l t e - s e i l e l o s e s i n d.

Bei Anstellung von Bremsversuchen, namentlich mit Bandbremsen, sind einige Vorsichtsmaſsregeln zu beachten, die nicht versäumt werden dürfen. Vor allem muſs das Bremsband gut anliegen und in gleichmäſsig gutem Schmierzustand erhalten werden. Vernachlässigt man die Schmierung, so ist ein Festfressen des Bandes zu befürchten; in solchen Fällen sitzt das Bremsband auf dem Schwungradumfang momentan fest, die Befestigungsteile müssen brechen oder reiſsen, und das Belastungsgewicht wird vom Schwungrad mit herumgeschleudert, unfehlbar wird jeder erschlagen, den das Gewicht trifft.

Eine weitere Gefahr kann durch Brechen des Bremsbandes entstehen. ' Es ist dem Verfasser ein Fall bekannt, in welchem das gebrochene, vom Schwungrad abschnellende Band dem Bremsenden mit solcher Wucht von hinten über den Kopf schlug, daſs er zu Boden fiel und in Gefahr schwebte, vom Schwungrad erfaſst und in die Fundamentgrube gezogen zu werden.

Sehr empfehlenswert ist es daher, wenn man bei gröſseren Motoren nicht ein einzelnes Band wählt, sondern mehrere neben einander legt, welche durch übergenietete Verbindungsflacheisen zu einem System verbunden sind. Auch die Spann- und Haltevorrichtung ist in solchen Fällen doppelt zu machen.

Des Weiteren hat es sich als zweckmäſsig erwiesen, nicht Eisen auf Eisen, oder Stahl auf Eisen schleifen zu lassen, sondern den ganzen inneren Bremsumfang — wie in Fig. 5 ersichtlich, in Abständen von 15 bis 20 cm mit ca. 10 cm langen, 1—1$\frac{1}{2}$ mm starken Kupferblechstreifen zu armiren, so daſs nun Kupfer auf dem Schwungradumfang schleift. Der Raum zwischen je zwei Kupferplatten wird mit konsistentem Fett vollständig ausgefüllt, und bildet dort einen Schmiervorrat für lange Zeit.

Ohne Gefahr kann man mit so ausgerüsteten Bremsen Versuche von längster Dauer machen.

Bei einer derartigen Einrichtung erhält sich der Schmierzustand der Bremse in solcher Gleichmäfsigkeit, dafs eine Änderung der Anspannung während des ganzen Versuches nicht nötig ist.

Ferner mag noch darauf hingewiesen werden, dafs bei Verwendung des in Fig. 8 dargestellten langen Aufhängebandes für eine sichere Haltung dieses Bandes auf dem Schwungradumfang ebenfalls durch Klammern, welche den Radkranz umfassen, zu sorgen ist, dafs beim Hineinlegen und Herausnehmen von Gewichtsstücken ein Fortziehen des Beutels nach der einen oder anderen Seite vermieden werden mufs. Fällt nämlich der oft mit mehr wie 100 kg belastete Beutel seitlich vom Schwungrad herunter, so gerät er in die herumwirbelnden Speichen, die einzelnen Gewichtsstücke können im Lokal umhergeschleudert oder gar die Speichen des Schwungrades zerschlagen werden.

Hinsichtlich der Zeitdauer für einen Bremsversuch ist zu sagen, dafs derselbe, namentlich bei gröfseren Motoren durch die allmählig sich steigernde Erwärmung des Schwungradkranzes begrenzt ist. Der Versuch ist zu beenden, sobald man es nicht mehr ertragen kann, den Handrücken gegen den Schwungradkranz zu halten.

Beachtet man diese Vorsichtsmafsregel nicht, so können in Folge starker Ausdehnung des Schwungradkranzes Speichen abreifsen.

Wie zu Anfang dieses Kapitels erwähnt, ist die Zahl der Umdrehungen, welche der Motor während der Versuchszeit macht, genau zu zählen. Mit vollkommener Sicherheit läfst sich eine solche Zählung nur mittelst des Umdrehungszählers, eines Instrumentes, welches in den meisten Armaturenfabriken und gröfseren technischen Geschäften zu haben ist, ermitteln.

Fast alle Umdrehungszähler werden in Thätigkeit gesetzt, indem ein aus ihnen hervorstehender, dreikantig zugespitzter Dorn in den Kerner der Motorenachse gedrückt wird. Es gelingt oft nicht, im gegebenen Moment den Kerner der in schneller Drehung begriffenen Achse sicher zu treffen, und das Instrument genau in Richtung der verlängerten

Achse zu halten, auch erfordert es körperliche
Anstrengung, die eingenommene Körperhaltung
während der ganzen Versuchszeit zu bewahren.

Bei längeren Versuchen, deren Resultat Anspruch auf Genauigkeit machen soll, befestigt man
daher den Umdrehungszähler an einer Holzlatte,
die eine solche Höhe hat, dafs bei senkrecht auf
den Fufsboden gestemmter Latte, der dreikantige
Dorn genau in gleicher Höhe mit der Mitte der
Motorenachse steht. Ergreift man dann die Latte
mit einer Hand und lehnt den Fufs gegen das
untere, auf dem Boden stehende Lattenende, siehe
Fig. 9, so trifft man den Mittelpunkt der Achse
immer genau und kann den
Umdrehungszähler ohne An-
strengung in richtiger Lage
erhalten, so dafs jede Umdrehung mit Sicherheit gezählt
wird.

Ein übermäfsig starkes
Andrücken des Umdrehungs-
zählers — wozu meistens Neigung vorhanden ist —, mufs bei
der Zartheit des Instrumentes
vermieden werden.

Endlich versäume man
nicht, den Dreispitz des
Umdrehungszählers an seinen
Lagerstellen von Zeit zu Zeit

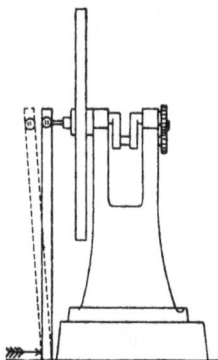

Fig. 9.

durch einen Tropfen Knochenöl zu schmieren.

Soll mit dem Bremsversuch gleichzeitig der
Gasverbrauch ermittelt werden, so gehört zu den
Versuchsapparaten auch noch die Gasuhr, von
welcher das während der Versuchszeit verbrauchte
Gas genau abgelesen werden kann.

Da sich der Stand einer gewöhnlichen Gasuhr
im gegebenen Moment nicht leicht durch einen
Blick übersehen läfst, so wählt man für den Anfang des Versuches den Zeitpunkt, bei welchem
die Literskala der Uhr eben eine Umdrehung voll-
endet hat. Je nach der Gröfse des Motors bemifst
man die Versuchszeit dann nach so und so viel
vollen Umdrehungen der Literskala.

Über die Vorbereitungen zum Bremsversuch ist noch folgendes zu sagen:

Vor allen Dingen muſs der zu untersuchende Motor, bezüglich der Wasserkühlung und der Schmierung, im Beharrungszustand sein, bevor man den Versuch beginnt, d. h. der Motor muſs schon vorher einige Zeit unter voller Belastung der Bremse gelaufen haben, die Bremse muſs sich genau in der Gleichgewichtsstellung erhalten, das Kühlwasser hat mit gleichmäſsiger Temperatur abzuflieſsen, auſser dem durch den automatischen Schmierapparat geförderten Schmieröl darf keine weitere Schmierung des Cylinders und Schiebers erfolgen.

Würde man sofort nach dem Anlassen des Motors in das Versuchsstadium eintreten, und den Versuch nur kurze Zeit — etwa zehn Minuten — durchführen, so erhält man ein Bremsresultat, welches der wirklichen Leistung des Motors bei dauerndem Betriebe nicht entspricht, sondern günstiger ausfällt, also zum Schaden des Käufers und zum Vorteil des Fabrikanten.

Zum Bremsversuch gehören wenigstens zwei Personen, der eine beobachtet den Gasverbrauch und die Zeit, er hat Anfang und Ende des Versuches durch ein verabredetes Signal (Ruf, Hammerschlag etc.) zu markiren. Der andere handhabt den Umdrehungszähler.

Da die Zeit des Versuches genau bis zur Sekunde bestimmt werden muſs, so hat man dort, wo vielfach Bremsversuche ausgeführt werden, Sekundenuhren, deren Werk sich durch einen Fingerdruck aus- oder einrücken läſst.

Indessen genügt auch eine gewöhnliche Taschenuhr, falls dieselbe nur mit einem Sekundenzeiger ausgerüstet ist.. Vor Beginn des Versuches stellt man an dieser Uhr den groſsen Zeiger so, daſs er genau über einen Minutenteilstrich steht, wenn der Sekundenzeiger den Anfang einer neuen Minute anzeigt. Legt man dann im Moment des Eintritts in das Versuchsstadium den Daumen so auf das Uhrglas, daſs seine Kante die Sekundenzeigerstellung markirt, so hat man Muſse, die Zeit für den Beginn des Versuchs nach Minuten und

Sekunden zu notiren, verfährt man ebenso am
Schlufs des Versuches, so ist die fragliche Zeit
mit genügender Genauigkeit ermittelt.

Nach Beendigung des Bremsversuches ist das
Belastungsgewicht genau zu wiegen*), und liegen
dann alle Gröfsen zur Berechnung der Kraft und
des Gasverbrauches vor.

1. Der Reibungswiderstand repräsentirt durch
das Belastungsgewicht.

2. Die Geschwindigkeit pro Sekunde, mit welcher
der Widerstand überwunden wird, bestimmt durch
den Umfang des Kreises vom Radius r Fig. 5,
multiplizirt mit der Zahl der Gesammtumdrehungen,
dividirt durch die Anzahl der Sekunden, welche
der Versuch gedauert hat.

War z. B. die Last inkl. Gewichtsbehälter und
Aufhängeband = 22 kg, der Radius, an dem die
Last hing = 0,72 m, die Zahl der Umdrehungen
1200, die Zeit = 10 Minuten 10 Sekunden = 610 Sekunden, so ist die Leistung in Kilogrammetern L.

$$L = \frac{22 \times 0,720 \times 2\pi \times 1200}{610} = 195,7 \text{ kgm}$$

$$\text{oder } \frac{195,7}{75} = 2,6 \text{ Pferdekraft.}$$

Das Bremsresultat wird nur dann ein richtiges,
wenn, wie schon erwähnt, das Belastungsgewicht
mit vollkommener Ruhe in der Gleichgewichtsstellung verharrt, auch darf die Spannmutter während des eigentlichen Versuchsstadiums nicht dauernd angefafst werden, höchstens ist es erlaubt,
falls sich Neigung zum Steigen oder Fallen des
Belastungsgewichtes bemerkbar machen sollte, die
Spannung durch ein schnell ausgeführtes Lösen
oder Anziehen der Spannmutter zu berichtigen.
Will man ganz korrekt zu Werke gehen, so kann
man die Drehung der Mutter durch leichte Hammer-
schläge gegen die Flügel von der einen oder an-

---

*) Man thut gut, den Motor erst dann anzuhalten,
wenn das Bremsband gelöst ist, ebenso soll man den
Gewichtsbeutel erst abhaken, wenn der Motor vollständig
still steht.

dern Seite bewirken. Auf keinen Fall ist es statt-
haft, die Spannmutter während des Versuches in
der Hand zu behalten, der erlahmende Arm hängt
sich unbewufst an die Mutter und kann von einer
Sichtbarkeit der Gleichgewichtsstellung nicht mehr
die Rede sein.

Um einen Vergleich der verschiedenen Motoren-
systeme hinsichtlich des Gasverbrauches zu er-
möglichen, ermittelt man denselben für eine Stunde
und eine Pferdekraft. Je kleiner der Motor, um so
gröfser wird der Gasverbrauch für die Stunden-
Pferdekraft. Z. B. ist der Gasverbrauch eines halb-
pferdigen Motors gleich 1,2 cbm, der eines zwanzig-
pferdigen Motors gleich 0,63 cbm für die Stunden-
pferdekraft.

Durch den Bremsversuch ermittelt man die
»Bremsarbeit«, d. h. die Kraft, welche der Motor als
nutzbar abgeben kann; die nicht unwesentliche Arbeit,
welche durch die Reibung des Motors in sich selbst
konsumirt wurde, entzieht sich dabei der Beurteilung.

Erst durch den Indikatorversuch erhält man
Aufschlufs über den Gesammtwert, der aus dem
Brennmaterial erzielten Arbeit.

Durch Vergleich der Resultate des Brems- und
Indikatorversuches kann man sich ein Urteil über
die Güte der Ausführung eines Motors bilden.

Bei gut konstruirten und korrekt ausgeführten
Gasmotoren mittlerer Gröfse ergibt sich, dafs die
durch innere Reibung konsumirte Arbeit 10—15%
der gesammten, aus dem Brennmaterial gewonnenen
Arbeit ausmacht.

Ferner ergibt sich aus dem Indikatordia-
gramm eines mittelgrofsen Gasmotors, dafs die
ganze im .Brennmaterial verfügbare Wärmemenge
in folgender Weise verbraucht worden ist.

1. In Arbeit verwandelt 18%
2. Durch Kühlwasser abgeführt 50%
3. Durch die Auspuffgase entführt . . . 30%
4. Durch direkte Wärmeabgabe der Cylinderwandungen und des Wassermantels an
   die Luft 2%

Summa   100%

Kapitel III.

Über die Bedienung der Gasmotoren.

Zu den Haupttugenden eines guten Gasmotors gehört die einfache, leichtverständliche Bedienung. Fortgesetzt ist man bemüht, in dieser Beziehung die Gasmotoren zu vereinfachen und zu verbessern. In der That gibt es denn heute auch schon Motoren, deren eigentliche Wartung sich darauf beschränkt, die Schmierbehälter gefüllt zu erhalten.

Das Anlassen und Anhalten vollzieht sich ohne nennenswerte Mühe, und nur alle 3—4 Wochen ist eine gründliche, längere Zeit in Anspruch nehmende Reinigung des Kolbens, Auslaſsventiles und event. des Schiebers vorzunehmen.

Werden die wenigen Bedienungsvorschriften bei solchen Motoren gewissenhaft befolgt, so sind Betriebsstörungen nicht zu befürchten.

Hauptbedingung für lang dauernde gute Instandhaltung des Gasmotors ist die Verwendung eines wirklich guten, geeigneten Öles zum Schmieren des Cylinders und Schiebers. Bei den hohen Temperaturen, welche die Cylinderwand und namentlich der Kolben eines vollbelasteten Gasmotors, trotz der Wasserkühlung annehmen, sind nur solche Öle zulässig, die ihre Schmierfähigkeit bei hoher Temperatur behalten; sie dürfen bei dieser Erwärmung weder schnell verdampfen, noch zu dünnflüssig werden oder zu stark Ölkohle bilden.

Gasmotorenöl besteht aus gutem Mineralöl, dem ein geeignetes anderes Öl, animalischen oder vegetabilischen Ursprunges zugesetzt ist.

Animalische Öle machen das Ölgemisch dünnflüssig, behalten ihre Schmierfähigkeit bei hoher Temperatur und setzen wenig, aber feste harte Ölkohle ab. Durch Zusatz von vegetabilischem Öl wird das Ölgemisch dickflüssiger, es erhält den Vorzug, das Dichthalten des Kolbens zu befördern, indem es die Fuge zwischen Kolben und Cylinderwand ausgefüllt erhält; da es in hoher Temperatur aber leichter verkohlt, wie animalisches Öl, so setzt es mehr Ölkohle von poröser schwammiger Struktur ab.

Da die spezifischen Gewichte der zu dem Gasmotorenöl verwendeten Ölarten oft nicht gleich sind, so tritt bei längerem Lagern eine Entmischung ein und ist es dringend zu empfehlen, vor jedem Abzapfen den ganzen Ölvorrat umzurühren.

Bei Verwendung ungeeigneten Schmieröles überziehen sich Cylinder- und Kolbenwandung mit einer rostbraunen Schicht. Zieht man den Kolben eines mit solchem Öl geschmierten Motors heraus, so findet man ihn mit einer Rostschicht überzogen, oben hat sich der Rost mit dem Öl zu einer dickflüssigen streichbaren Masse vereint, weiter nach unten wird der Überzug trocken und hart, die Ringfugen sind vollständig damit ausgefüllt und die Ringe selbst sitzen fest.

Wird der Kolben mit diesem Öl auch nur eine Woche lang weiter geschmiert, so kann man mit Sicherheit erwarten, daſs der Motor infolge starker Abnutzung der Cylinderbohrung fortan den Dienst versagen wird.

Gutes Gasmotorenöl überzieht Cylinder und Kolbenwand mit einem grauweiſsen Überzug, der beim Warmwerden des Motors wieder verschwindet, so daſs dann die blanke, blaugraue metallische Färbung von Cylinder und Kolben wieder sichtbar wird. Sämmtliche Kolbenringe, auch die untersten, sollen jederzeit leicht beweglich vorgefunden werden, wenn man den Kolben behufs Reinigung herausnimmt.

Die Schwierigkeit, mit welcher die Erlangung guten Gasmotoren-Schmieröles verknüpft ist, hat dazu geführt, daſs einzelne Gasmotorenfabriken die Herstellung und den Verkauf des Öles selbst in die Hand genommen haben.

Ölschöpfwerke und noch mehr die Öltropf-Apparate befördern bei gesunkenem Ölstand im Vorratsbehälter weniger Öl wie zu Anfang, wenn derselbe gefüllt ist, man thut daher gut, das Nachfüllen in nicht zu langen Pausen vorzunehmen. Bei Frostwetter muſs man das Öl in der Kanne vor dem Füllen der Ölbehälter erwärmen.

Zum eigentlichen Anlassen des Motors empfiehlt es sich, alle Handgriffe, welche dazu nötig sind, in genau derselben Reihenfolge vorzunehmen. Der Wärter gewöhnt sich dann so an diese Einteilung, daſs Versäumnisse vollständig ausgeschlossen sind, und dürfte es wohl am Platze sein, hier in kurzen Worten eine Vorschrift für die Reihenfolge der verschiedenen Handgriffe zu geben:

a) Für das Anlassen des Motors.

1. Öffnen des Hahnes am Gummibeutel.
2. Schmieren in stets derselben Reihenfolge.
3. Netzen der Auslaſsventil-Spindel mit Petroleum.
4. Anstecken der Zündflamme.
5. Anstellen der Hilfsvorrichtung für das Andrehen.
6. Öffnen des Gashahnes am Motor bis zu der für das Anlassen günstigen Marke.
7. Wirken im Rade, bis Ingangsetzung erfolgt.
8. Gashahn ganz auf.
9. Abstellen der Hilfsvorrichtung für das Anlassen.
10. Kühlwasser anstellen bzw. Kontrole des Wasserstandes in der Kühlvorrichtung.
11. Einrücken des Betriebsriemens.

3*

b) Für das Anhalten des Motors.

1. Riemen ausrücken.
2. Schluſs des Hahnes am Gummibeutel.
3. Abfangen 'des Schmieröles für den Schieber durch ein untergelegtes Putzwollbäuschchen.
4. Abschluſs des Kühlwassers.
5. Stillstand des Motors.
6. Schluſs des Gashahnes am Motor und der Zündflamme.
7. Einstellen des Kolbens in den vorderen bzw. oberen toten Punkt.
8. Ablassen des Wassers aus dem Auslaſstopf.

Von Zeit zu Zeit Ablassen des übergegangenen Wassers aus der Gasuhr und Nachfüllen frischen Wassers.

Bei Frostwetter j e'd e n A b e n d Entleerung des Wassermantels am Cylinder und des Rippenkühlers, event. Einhüllen der Gasuhr in Stroh oder Decken.

Die Reinigung des Motors, welche je nach der Bauart und je nach der Qualität des verwendeten Schmieröles in sehr verschiedenen Zeitabschnitten vorzunehmen sein wird, bildet für den Wärter meistenteils den schwierigsten Teil seiner Obliegenheiten. Bei gut durchkonstruirten Gasmotoren vollzieht sich das Auseinandernehmen der zu reinigenden Teile, die Reinigung selbst und die spätere Zusammenstellung ohne Schwierigkeiten. Jeder einigermaſsen verständige Arbeiter wird die nötigen Handhabungen schnell begreifen und zuverlässig ausführen können. Der regelmäſsigen Reinigung von festhaftender Ölkohle bedarf das Auslaſsventil, der Kolben, das Auspuffrohr und von Zeit zu Zeit auch das Innere des Cylinders. Der Schieber bzw. Zünder muſs von verdicktem Öl, Ruſs und Staub gereinigt werden.

Zum Abstoſsen und Abkratzen der Ölkohle aus dem Innern des Auslaſsventilgehäuses, aus den Ring-Nuten des Kolbens und von den Kolbenringen benutzt man Instrumente aus Messing oder

Kupfer, zur Reinigung der Mulden und Kanäle im Schieber, Stäbchen aus hartem Holz, die in Petroleum getaucht werden.

Auslaſsventil-Kegel, Kolben, Kolbenringe¦, Schieber und Cylinderbohrung werden zum Schluſs mit einem Petroleumlappen sauber abgerieben.

Die zur Reinigung abgenommenen Teile dürfen nicht auf den sandigen Fuſsboden gestellt oder gegen eine mit Kalkmörtel geputzte Wand gelehnt werden, ein haftenbleibendes Sandkorn ist oft hinreichend, Schieber oder Kolben zu ruiniren.

Festgebrannte Muttern sollen nicht mit Gewalt entfernt werden, durch längeres Einwirkenlassen von Petroleum sind solche Muttern schlieſslich ganz leicht zu entfernen. Reibt man die Stiftschrauben vor dem Aufschrauben der Muttern mit Graphit (noch besser ist eine Salbe aus Vaselin und Graphit) ein, so ist ein Festbrennen überhaupt nicht zu befürchten.

Wird beim Reinigen des Auslaſsventilgehäuses eine Verengung des Abzweiges nach dem Auslaſstopf gefunden, so muſs auch das Verbindungsrohr zwischen Ventil und Topf gelöst und von Ölkohle gereinigt werden. Nach erfolgter Reinigung und sorgsamer Zusammensetzung des Motors, läſst man ihn jedesmal sofort laufen. Mit einem Hebebaum muſs alsdann das Schwungrad gebremst werden, bis Vollgang eintritt, und schlieſslich volle Betriebswärme erreicht ist. Erst damit ist Gewiſsheit erlangt, daſs der Motor bei nächster Benutzung während der Arbeitszeit seinen Dienst ohne Störung versehen wird.

Die Reinigung darf nie wenige Stunden vor Beginn der Arbeitszeit vorgenommen werden, da nicht vorauszusehen ist, wie viel Zeit sie beanspruchen wird und welch' sonstige Zufälligkeiten dazwischen treten können.

Kapitel IV.

Über die bei Gasmotoren auftretenden Betriebsstörungen.

Die meisten Betriebsstörungen bei Gasmotoren begründen sich in Undichtigkeiten der Ventile, Schieber und Kolben.

Während die Dampfmaschine mit undichtem Schieber, Ventilen etc. immer noch ihren Dienst versieht, stellt der Gasmotor unter gleichen Umständen denselben sofort ein. Der Grund für diese Empfindlichkeit der Gasmotoren ist sehr naheliegend, es fehlt ihnen das Kraft-Reservoir, welches bei der Dampfmaschine durch den Dampfkessel gebildet wird.

Der Gasmotor holt sein Heizmaterial für jede Verbrennung einzeln herbei und mischt es mit Verbrennungsluft in genau richtigem Verhältnifs; er ist in Folge dessen jeden Augenblick betriebsbereit. Leider ist mit dieser guten Eigenschaft aber auch ein bedeutender Nachteil verknüpft, man mufs nämlich vom Gasmotor sagen, er lebt »von der Hand in den Mund«, was er soeben erworben hat, wird im nächsten Moment verzehrt. Wo der Erwerb der Nahrung gestört wird oder Verluste des Erworbenen vor dem Verzehren eintreten, da wird der Lebensprozefs des Motors gestört.

Da es bekanntlich sehr schwer, ja unter Umständen unmöglich ist, aus dem Geräusch, welches nicht sichtbare Gase beim Ausströmen verursachen,

einen Schluſs auf den Ausströmungsort selbst zu
ziehen, so ist es durchaus nicht leicht, Betriebsstörungen an Gasmotoren, die auf Undichtigkeiten
beruhen, zu finden. Will man in dieser Beziehung
schnell zum Ziel gelangen, so muſs man beim
Suchen systematisch zu Werke gehen. Durch seine
Einteilung wird das vorliegende Kapitel Gelegenheit
bieten, die nötigen Anhaltspunkte für das plan-
mäſsige Aufsuchen der Störungsursachen zu geben.

Zuerst möge auf das Universalmittel zur Untersuchung defekter Gasmotoren aufmerksam gemacht
werden.

Wo man vor einem Gasmotor steht, der den
Dienst versagt, soll man zuerst, ohne irgend etwas
Anderes vorzunehmen, das Schwungrad verkehrt
herumdrehen.

In allen Fällen komprimirt man nämlich dann
den Cylinder-Inhalt. Ist der Motor undicht, so
fühlt man entweder gar keinen Widerstand beim
Drehen oder derselbe verschwindet sehr bald. Ist
durch diesen Versuch das Vorhandensein einer
Undichtigkeit festgestellt, so wird man den Ort
derselben, wie in der Folge verschiedentlich ge-
zeigt werden soll, leicht ermitteln können.

Folgende Störungen sind es, mit denen man
bei den Gasmotoren hauptsächlich zu thun hat.

Der Motor versagt den Dienst.

Erschwertes Anlassen.

Unbeabsichtigter Stillstand.

Unregelmäſsiger Gang.

Kraftverlust.

Knallen im Lufttopf (Rückschläge).

Stoſsen im Motor.

Jede einzelne Art der Störung kann durch
verschiedene Ursachen hervorgerufen werden, es
werden daher für jeden Fall die möglichen
Komplikationen besprochen werden:

I. Der Motor versagt den Dienst infolge undichten Auslaſsventils.

Drei Arten dieser Undichtigkeit sind zu unterscheiden:

a) das Ventil ist in der Führung hängen ge-
   blieben,

b) die Auslaſsventilfeder ist zu schwach gespannt,
c) die Ventilschleifffläche ist beschädigt.

Ein Hängenbleiben des Auslaſsventilkegels
nach längerem Stillstand ist unvermeidlich. Das
Ventil muſs aus Stahl oder Schmiedeeisen gefertigt
werden, damit es der hohen Temperatur und starken
Beanspruchung Stand hält. Die Verbrennungsprodukte bestehen vorwiegend aus Wasserdampf
und Kohlensäure, daraus erklärt sich, daſs die
Auslaſsventilspindel in längeren Ruhepausen Rost
ansetzen muſs, der die freie Bewegung in der
Ventilführung hemmt.

Versucht man unter solchen Umständen den
Motor anzulassen, so dichtet das Auslaſsventil
nicht ab, ein Teil des unverbrannten Gemisches
entweicht während der Kompressionsperiode in den
Auslaſstopf und in das Auslaſsrohr. Da unmittelbar hinterher die Zündung folgt, so nimmt auch
das hinausgedrängte Gemisch durch die Undichtigkeit des Ventiles hindurch, an der Entzündung
Teil und fährt mit starkem Knall zum Auslaſsventil
hinaus. Sind mehrere Umdrehungen gemacht
worden, bevor die Zündvorrichtung wirkte, so kann
der Knall die Stärke eines Kanonenschusses annehmen, der die ganze Nachbarschaft alarmirt.

Jeder gute Gasmotor muſs daher mit einer
Einrichtung versehen sein, durch welche dieser
Übelstand beseitigt werden kann. Sie besteht in
einem verschlieſsbaren Schmierkanal für die Auslaſsventilspindel.

Jeden Morgen vor dem Anlassen ist einiges
Petroleum in diesen Schmierkanal zu träufeln und
das Ventil unmittelbar hinterher mit der Hand auf
und abzuführen.

Die Gangbarkeit stellt sich dann sofort wieder
her und der Motor geht ohne Störungen an.

Zum Einträufeln von Petroleum benutzt man
am besten die bekannten Spritzkannen, wie sie
zum Schmieren der Nähmaschinen allgemein im
Gebrauch sind. Öl darf zur Schmierung der
Auslaſsventilspindel nicht verwendet werden, man
würde das Gegenteil von dem herbeiführen, was
beabsichtigt war; während nämlich das Petroleum

bei⌊warm werdendem Auslaſsventil ohne Rückstand verdampft, hinterläſst Öl einen Kohle-Rückstand, der das freie Spiel des Ventiles ebenso hindern würde wie Rost.

Anders gestalten sich die Erscheinungen, wenn die Auslaſsventilfeder so schwach gespannt oder durch Erhitzung so schwach geworden ist, daſs das Ventil in der Ansaugeperiode durch den Luftdruck gehoben wird. Jetzt tritt kein Gasgemisch in das Auslaſsrohr, sondern, es wird nur die Gemischbildung beeinträchtigt.

Zu dem durch den Mischapparat angesaugten Gasgemisch tritt nun durch das gleichzeitig nachgebende Auslaſsventil »Beiluft« und diese macht die Ladung unentzündlich. Bei weiteren Drehungen des Schwungrades wiederholt sich der Vorgang, jedoch mit dem Unterschiede, daſs jetzt jedesmal das soeben in den Auslaſstopf gedrückte unentzündete dünne Gemisch die Beiluft bildet und nunmehr die neue Ladung nicht mehr mit reiner Luft, sondern mit dünnem Gasgemisch gemengt wird. Mit jeder neuen Ansaugung muſs also das Gasgemisch im Cylinder gasreicher werden, bis es endlich entzündbar wird und ein Kraftantrieb zu stande kommt. Der Motor setzt sich dann aber keineswegs dauernd in Gang, vielmehr treten die Bedingungen für die Gemischbildung⌊in das Anfangsstadium zurück.

Wieder werden 4, 6, 8 oder mehr Umgänge dazu gehören, bis das Gemisch zur Zündfähigkeit angereichert ist. Möglich ist es, daſs der eine Kraft-Impuls genügte, den Motor soviel Umdrehungen machen zu lassen, daſs er die Periode der Fehlzündungen überwindet, die Drehung wird dann zwar aufrecht erhalten, Kraftäuſserung findet aber wenig oder gar nicht statt.

Die Erscheinung periodischer Fehlzündungen kann auch durch andere Störungen hervorgerufen werden, sie allein ist also nicht ein Zeichen, daſs die Ursache in der schwachen Auslaſsventilfeder zu suchen sei, nur dann, wenn sich dazu in der Ansaugeperiode ein fühlbares Vibriren des Ventil-

kegels gesellt, kann man auf diese Art der Störungsursache schliefsen.

Ist endlich die Ventilschleiffläche beschädigt
oder durch festgeschlagene Körper ein dichter
Schlufs verhindert, so knallt es ebenso wie bei
festgeklemmtem Ventil aus dem Auspuffrohr; durch
einfaches Gangbarmachen der Ventilspindel mit
Petroleum ist dann aber nichts zu erreichen.
Knallt es aus dem Auspuffrohr und fühlt man
ein Vibriren der Ventilspindel, so ist die
Ventilschleiffläche beschädigt, es mufs der Ventil-
kegel ohne Besinnen herausgenommen und nachge-
schliffen werden. Auf der Schleiffläche festgeschlagene Körper werden durch »trockenes Auf-
reiben« des Ventilkegels sichtbar und können dann
leicht entfernt werden.

2. Der Motor versagt den Dienst infolge undichten Einlafsventiles oder Schiebers.

Bei undichten Einlafsorganen ist erklärlich,
dafs während der Kompressionsperiode unver-
branntes Gasgemisch in den Einlafstopf und in das
Luftrohr zurückgedrängt wird. Beim zweiten Ansaugen bildet sich das Gemisch dann nicht aus
Gas und Luft, sondern aus Gasgemisch und Gas,
denn im Lufttopf steht nicht Luft, sondern zurück-
gedrängtes Gasgemisch. Eine derartige gasreiche
Ladung verbrennt entweder gar nicht, oder ohne
nennenswerte Druckentwicklung. Äufsere Kennzeichen dieser Störung sind: Gelbrote Vermittelungsflamme im Zündapparat und Gasgeruch über dem
Lufttopf. Hält man über die Luftöffnung einen
Faden Putzwolle oder einen Streifen Papier etc.,
so sieht man in der Kompressionsperiode deutlich,
wie derselbe zurückgeblasen wird.

3. Nichtangehen des Motors infolge festsitzender Zündventilkegel.

Ebenso wie das Auslafsventil sind auch die
Zündventilkegel bei längerem Stillstand des Motors
dem Festrosten und Hängenbleiben in der Führung
ausgesetzt. Schiefmontirte Zünder fressen sich
aufserdem leicht in ihren Führungen, die abge-

rissenen Metallspäne fallen auf die Schleifflächen, schlagen sich dort fest und geben zu Undichtigkeiten Veranlassung.

Die Kennzeichen dieser Störungsursache sind sehr charakteristisch. Starkes Zischen des Zünders während des ganzen Kompressionshubes, event.: Einsaugen der Zündflamme und Knallen oder Gurgeln im Lufttopf während der Ansaugeperiode.

4. Nichtangehen des Motors infolge verstärkten Gasdruckes.

Bei jedem Gasmotor wird nach beendigter Montage, während der ersten Inbetriebsetzung das Gemisch entsprechend der Qualität des Gases, entsprechend dem herrschenden Gasdruck und den Verhältnissen der Luftzuleitung genau »einregulirt«. Ändert sich eine dieser Grundbedingungen, so gelingt das Anlassen des Motors nicht mehr.

Wird z. B. der Gasdruck verstärkt, so erhält man beim Andrehen Gemisch von zu grofsem Gasreichtum, dasselbe kann wohl noch brennbar sein, aber die Verbrennung erfolgt nicht mehr mit der Druckentwicklung, welche nötig ist, damit sich der Motor in Gang setzt.

Äufsere Erkennungszeichen dieser Störungsursache sind folgende: In der Auslafsperiode entsteigt dem Auspuffrohr ohne wesentliches Geräusch dicker schwarzer Qualm. Der Gummibeutel ist straff aufgeblasen, die Zündflamme brennt höher, die Vermittelungsflamme in der Zündvorrichtung ist gelblich gefärbt, während sie sonst hellblau brennt.

Um den Motor trotz des verstärkten Gasdruckes, den man ja nicht ändern kann, dennoch in Gang zu setzen, bedarf der Wärter eines Gehilfen, den er mit der Weisung an den Gashahn stellt, denselben ganz langsam zu öffnen, während er selbst kräftig das Schwungrad dreht. Mit dem Öffnen des Hahnes darf aber erst begonnen werden, nachdem 3 oder 4 Umdrehungen gemacht sind. Bei einer Hahnstellung, die vor der liegt, bei welcher der Motor sonst angeht, wird nun der erste Antrieb und die Ingangsetzung des Motors erfolgen. Auch für die normale Geschwindigkeit des Motors wird der Gashahn dann nicht voll zu öffnen sein.

Diese Art der Störung kann nicht eintreten, wenn ein Gasdruck-Regulator in die Leitung eingeschaltet ist.

5. Nichtangehen des Motors infolge von Störungen in der Gasuhr.

Ist es versäumt worden, das übergegangene Wasser aus der Gasuhr rechtzeitig abzulassen bzw. frisches Wasser nachzufüllen, so ist dem Gas der Weg versperrt und der Motor kann sich nicht in Gang setzen. Der zusammengeklappte Gummibeutel zeigt ohne weiteres den Grund der Störung an. Hierbei mag bemerkt werden, daß überhaupt bei jedem Versagen des Motors das Verhalten des Gummibeutels in erster Linie zu beobachten ist. Ein sehr häufiger Grund für das Nichtangehen des Motors ist nämlich der, daß versäumt wurde, den Haupthahn oder den Hahn am Gummibeutel zu öffnen, auch hier wird der zusammengeklappte Gummibeutel den Wärter sofort belehren.

6. Nichtangehen des Motors, hervorgerufen durch große Wasseransammlung im Auslaßstopf.

Wird es versäumt, das im Auslaßstopf angesammelte Kondensationswasser rechtzeitig abzulassen, so kann es — namentlich im Winter — so hoch steigen, daß den Auspuffgasen der Weg versperrt wird. Bei langsamen Drehungen des Motors, wie sie beim Anlassen ausgeführt werden, läuft das Wasser dann durch das offene Auslaßventil direkt in den Cylinder. Kommt unter solchen Verhältnissen auch die erste Zündung, so verhindert doch das zerstäubte, verdampfende Wasser eine weitere Bildung entzündbaren Gemisches und der Motor wird sich nicht in Gang setzen.

Kennzeichen der Störung sind: Herausspritzendes Wasser aus Zünder bezw. Schieber. Starke Benetzung der Cylinderwand. Aus der Mündung des Auspuffrohres spritzt Wasser. Bei Glühzündern mit Porzellanrohr wird letzteres oft zersprengt. Zur Beseitigung ist der Hahn am Auslaßstopf zu öffnen, und das Wasser aus dem Cylinder und

allen Ventilgehäusen durch Aufsaugen mit Putz-
wollballen zu beseitigen.

Tritt die Störung zum ersten Mal auf, so ist
meistens der Glaube vorhanden, der Cylinder hätte
einen Rifs bekommen, dies ist aber höchst selten
der Fall.

7. Erschwertes Anlassen des Motors infolge undichten Kolbens.

Jeder Gasmaschinen-Cylinder mufs sich im
Laufe der Jahre abnutzen, »der Kolben wird undicht«. Diese Undichtigkeit beeinflufst die Gemischbildung und das Zustandekommen der Kompression,
namentlich beim Anlassen, bei welcher Gelegenheit
ja die Bewegung des Kolbens im Vergleich zur
normalen Geschwindigkeit sehr langsam von statten
geht. Geringe Öffnungen zwischen Kolben und
Cylinderwand genügen dann, um grofse Quantitäten
»Beiluft« beim Ansaugen in den Cylinder ein-
dringen zu lassen, während zur Zeit der Kompression
noch gröfsere Mengen unverbrannten Gasgemisches
entweichen. Im Moment der Zündung steht schwach
komprimirtes, dünnes Gemisch zur Verfügung,
welches einer Entzündung oft nicht mehr fähig ist.

Erst nach einer gröfseren Zahl von Umdrehungen, wenn der Kolben durch energisches Wirken
im Schwungrade gröfsere Geschwindigkeit erlangt
und dadurch der Einflufs der Undichtigkeit ab-
geschwächt ist, kann sich besseres Gemisch bilden,
welches entzündbar ist und kräftig genug expan-
dirt, um den Motor in Gang zu setzen.

Als Mittel gegen dies chronische Leiden älterer
Gasmotoren sind anzuführen:

1. Nichtbenutzen der Anlafsvorrichtung, sondern Komprimiren des ganzen Cylindervolumens.

2. Verwenden dickflüssigen Schmieröles; man
giefse vor dem Anlassen reichlich Öl um den
Kolben, und führe ihn mehrere Mal bei geschlos-
senem Gashahn langsam hin und her, damit sich
Cylinderwand und Kolben mit einer dichtenden
Ölschicht überziehen.

3. Lüften des etwa vorhandenen Rückschlagventiles mit der Hand, während der Ansaugeperiode.

Es wird dadurch das Vakuum beim Ansaugen vermindert, das angesaugte Gemischquantum gröfser und der erste Antrieb stärker.

Dies letzte Mittel hilft meistens überraschend schnell.

8. Erschwertes Anlassen infolge verschmutzten Schiebers.

Bei vielen Motoren wird das Schmieröl durch Röhren von einem gemeinsamen Schmierapparat nach Schieber und Kolben geleitet. Beim Anhalten ist in den Röhren noch ein beträchtliches Ölquantum vorhanden, welches allmählig ausläuft und die Kanäle und Mulden der Zündvorrichtung im Schieber erfüllt. Will man den Motor dann nach der Betriebspause in Gang setzen, so hat man viele vergebliche Umdrehungen zu machen, um das Öl aus den engen Kanälen und Mulden des Schiebers nach und nach fortzublasen. Wie wohl manchem Gasmotorenbesitzer bekannt sein dürfte, ist diese Störung leicht zu vermeiden, wenn man jedes Mal gleich nach dem Anhalten ein Putzwoll-Bäuschchen auf die Tropfstelle am Schieber legt, welches alle Ölreste aufsaugt.

9. Erschwertes Anlassen, hervorgerufen durch in die Gasleitung gedrungene Luft.

Fast jede unbenutzte, von der Strafsenleitung abgesperrte Gasleitung füllt sich, wie bekannt, im Laufe der Zeit mit Luft. Ein beschwerliches Unternehmen würde es sein, wollte man einen lange Zeit unbenutzten Gasmotor ohne weiteres in Gang setzen. Der gesammte Inhalt der Rohrleitung wäre durch den von Hand gedrehten Motor auszupumpen, bevor an eine Zündung zu denken ist. In solchen Fällen mufs man die Leitung vor dem ersten Anlassen ohne Besinnen jedesmal durch das aufgehaltene Gasventil, Mischventil etc., oder durch den dazu angebrachten Hahn abblasen.

Äufserst geringe Undichtigkeiten der Gasleitung, die sich vielleicht durch Ableuchten gar nicht entdecken lassen, genügen oft, dafs sich die abgesperrte Leitung schon über Nacht mit Luft füllt. Bemerkt

man, daſs der Motor trotz sorgfältiger Instand-
haltung Morgens schwerer, wie nach den anderen
Arbeitspausen angeht, so kann man mit einiger
Gewiſsheit auf Luft in der Gasleitung rechnen.
Ein Abblasen vor dem Anlassen wird dann immer
sehr guten Erfolg haben.

10. Unbeabsichtigter Stillstand des Motors.

Abgesehen von Stillständen, die durch Brechen
von Federn etc. oder durch selbstthätige Absperr-
ung des Gases von der Gasuhr entstehen, soll hier
nur der Fall besprochen werden, dessen Ursache
das Verlöschen, Flackern oder Zucken der Zündflamme ist.

Bei den bis heute am meisten verbreiteten
Flammen-Zündapparaten kann die Zündflamme
sehr leicht durch die Thätigkeit des Zündapparates
selbst ausgeblasen werden. Sind die Federn der
Zündschieber oder Zündventile zu schwach gespannt, so können letztere durch verstärkte Druckentwickelung, wie sie als Folge ausgebliebener Zündungen im Gasmotoren-Cylinder ab und zu vorkommen, »abgeworfen« werden. Die mit hoher
Spannung entweichenden Verbrennungsgase treffen
dann die Brennermündung der Zündflamme und
blasen letztere aus. Das Gleiche tritt ein, wenn
Schieber oder Zündventil undicht sind.

Oft ist es auch starkes Flackern oder seitliches
Abweichen der Zündflamme, welches die Vermittelungsflamme auſser Bereich der ersteren bringt und
ein Stillstehen des Motors veranlaſst. Geöffnete
Thüren und Fenster, die Bewegungen des Schwungrades können Luftströmungen und Luftwirbel hervorrufen, wodurch die erwähnten Ablenkungen
der Zündflammen hervorgebracht werden.

Ein, dem Wärter oft rätselhafter Stillstand
kann eintreten, wenn bei vollbelastetem Motor un-
vermutet der Gasdruck verringert wird, sei es durch
plötzlichen starken Gaskonsum der Nachbarschaft,
sei es durch Betriebsstörungen auf der Gasanstalt
selbst. Eilt man in solchen Fällen zum still-
stehenden Motor, so ist hier scheinbar alles in
bester Ordnung, die Zündflamme brennt, der Motor

ist ohne weiteres wieder in Gang zu setzen, und
nichts deutet auf irgend welche Unregelmäfsigkeit
hin. Bleibt der Wärter jedoch nur kurze Zeit nach
dem Anlassen bei dem arbeitenden Motor, so wird
er bei Beobachtung der Zündflamme sehr bald
merken, dafs sie mit zunehmender Geschwindigkeit und sich steigernder Belastung des Motors
immer kleiner brennt, in der Saugperiode stark
zuckt und endlich so klein wird, dafs sie die
Zündung nicht mehr vermitteln kann und der
Motor infolge ausbleibender Zündungen still steht.

Zur Abstellung solcher Zufälligkeiten dient,
falls die Gasleitung genügend weit ist, die Einschaltung eines 2. oder 3. Gummibeutels.

11. Unregelmäfsiger Gang, hervorgerufen durch
ausbleibende Zündungen.

Undichter oder verschmutzter Schieber, undichter Zündventilkegel, flackernde oder zu niedrig
brennende Zündflamme, niedriger Gasdruck, sind
meistenteils die Ursachen ausbleibender Zündungen.

Die äufseren Merkmale für diese Störungsart
sind sehr charakteristisch und leicht erkennbar.
Es lassen sich dumpfe Stöfse im Motor hören,
denen ein pfeifender Ton folgt. Schieber oder
Zündventile werden abgeworfen, die hochgespann-
ten Explosionsgase fahren mit starkem Geräusch
aus ihnen heraus.

Die Störung wird beseitigt durch richtiges Einstellen oder Schützen der Zündflamme, durch Reinigen bzw. Nachschleifen und Schaben von Ventilen und Schiebern, durch Einschalten eines zweiten
Gummibeutels.

12. Unregelmäfsiger Gang, infolge mangelhafter
Beweglichkeit des Regulators.

Verdicktes Schmieröl oder Klemmungen im
Regulaturgestänge geben oft zu grofsen Unregel-
mäfsigkeiten in der Umdrehungsgeschwindigkeit
des Motors Veranlassung.

Dickes Schmieröl kann während des Ganges
durch Zuträufeln von Petroleum dünnflüssig gemacht
werden. Klemmungen können entstehen durch

abgenutzte Gelenkbolzen oder Versäumnifs der Schmierung.

Die Störungsursache erkennt man sehr leicht daran, dafs die Perioden des Ein- und Aussetzens der Regulirung sehr grofs sind.

13. Kraftverlust durch undichten Kolben.

Der undichte Kolben eines Gasmotors macht sich durch Zischen und Klopfen im Cylinder, durch eigentümlichen Geruch nach Gas und verbranntem Öl, durch dunstige Luft im Motorenlokal und vor allem durch die höher und höher werdenden Gasrechnungen bemerklich.

Die Entstehung des Übels kann sehr verschiedenen Ursachen zugeschrieben werden. Vor allem wirkt, wie schon erwähnt, ungeeignetes Schmieröl schädigend, auch mangelhafte Beaufsichtigung und versäumte Reinigung der Cylinder-Schmierapparate können die Schuld tragen, ebenso ungenügende Kühlung des Cylinders, das ablaufende Kühlwasser darf höchstens 70° C. haben, in Kühlgefäfsen und Rippenkühlern darf das Wasser ebenfalls — auch an heifsen Sommertagen — nicht wärmer wie 70° werden. Auf einige Zeit kann man den Kraftverlust durch Einsetzen neuer Kolbenringe beseitigen, schliefslich wird man aber doch dazu schreiten müssen, den Cylinder ausbohren zu lassen und einen neuen Kolben für die vergröfserte Bohrung anzuschaffen. War die Gröfse des Motors so gewählt, dafs der gesammte Betrieb leicht bewältigt wird, so wirken die in nicht zu langen Pausen folgenden »Aussetzer« der Regulirung nicht nur kühlend, sondern auch aufserordentlich günstig auf die gute Verteilung des Schmiermaterials im Cylinder.

Ein derart mäfsig beanspruchter Gasmotor erhält sich lange in gutem dichten Zustand, ein Nachbohren des Cylinders wird oft erst nach 10 jähriger Betriebsdauer erforderlich, während ein zu stark beanspruchter Motor oft schon nach 2 bis 3 Jahren dieser sehr kostspieligen Reparatur unterworfen werden mufs.

14. Kraftverlust durch Bildung schwachen Gemisches.

Schwacher Gasdruck, verstopfte Gasleitung, zu wenig geöffneter Gashahn können zur Bildung gasarmen (schwachen) Gemisches führen. Das Gemisch bleibt zwar zündungsfähig, verbrennt aber langsam und mit geringer Druckentwickelung.

Kennzeichen: Knallendes Geräusch beim Auspuffen. Von Zeit zu Zeit gurgelnder Ton oder schwaches Knallen im Lufttopf.

15. Kraftverlust durch Verringerung des angesaugten Gemisch-Quantums.

Zu stark gespannte Federn des Misch- oder Rückschlagventiles sind die Ursache, dafs die Ansauge-Kapacität des Motors verringert wird. Das Gemisch selbst ist in seiner Zusammensetzung normal und verbrennt mit genügender Schnelligkeit; der Verbrennungsdruck wird aber geringer.

Kennzeichen: Schwaches Geräusch beim Auspuffen.

16. Kraftverlust durch zurückgehaltene Verbrennungsprodukte.

Durch verengte Auspuffleitung entsteht ein Gegendruck auf den Kolben; auch bleiben mehr Verbrennungsprodukte im Cylinder zurück, das Quantum und die Qualität des Gemisches werden verändert.

Durch Abnutzung der Bewegungsteile für das Auslafsventil wird die Dauer des Ausblasens bei den meisten Motoren verkürzt, es bleiben gleichfalls gröfsere Quantitäten von Verbrennungsgasen im Cylinder zurück.

Kennzeichen: Langgezogenes Auspuffen. Von Zeit zu Zeit Gurgeln im Lufttopf, Qualmen des Kolbens, trockene Cylinderwandungen.

17. Kraftverlust durch verspätete Zündung.

Durch Abnutzung der Bewegungsorgane für die Zündvorrichtung — die unvermeidlich ist — verlegt sich der Moment der Zündung meistens so, dafs er später eintritt. Schon eine geringe Verspätung der Zündung wirkt aber aufserordentlich

ungünstig auf die Ausnutzung des verbrennenden
Gasgemisches. Von Zeit zu Zeit soll man daher
den Stand der Zündung kontroliren lassen. Äufsere
Kennzeichen verspäteter Zündung sind Auspuffen
mit starkem Geräusch und Stofsen im Motor.

18. Heftiges Knallen im Lufttopf („Rückschläge")

entstehen meistens durch das Versäumnifs, den
Gashahn nach dem Anlassen voll zu öffnen.

Es bildet sich schwaches, langsam brennendes
Gemisch, welches noch während der folgenden
Ansaugeperiode im Ladungsraum des Cylinders
brennt, während schon von aufsen frisches Gemisch
eintritt. Durch Berührung mit den brennenden
Gasen entzündet sich das bereits gebildete Gemisch
und fährt mit starkem Knall in den Lufttopf.

Bei Motoren mit Ventilzündung kann die
Ursache, wie schon erwähnt, auch in der Undichtigkeit des Zündventilkegels zu suchen sein, man
sieht in solchen Fällen deutlich, wie die Zündflamme beim Ansaugen in das Ventil hineinge-
zogen wird und die Ladung entzündet, während
sie durch die geöffneten Mischorgane einströmt.

19. Stofsen und Klopfen im Motor.

Gelockerte Schwungradkeile oder Lagerdeckel,
abgenutzte Kolbenbolzen bedingen einen harten
Stofs im Motor im Moment der Zündung. Den
Sitz des Übels zu finden, ist oft nicht leicht; ein
Erfolg versprechendes Hülfsmittel besteht darin,
dafs man bei gelöschten Zündflammen und
geschlossenem Gashahn, während mit dem
rückwärtsgedrehten Schwungrad wippende Bewegungen ausgeführt werden, die Hand vorsichtig
an alle die Teile legt, wo man glaubt die Lockerung
fühlen zu können. Ölblasen, welche aus den Fugen
der fraglichen Verbindung während der wippenden
Bewegungen hervorquellen und wieder verschwin-
den, weisen oft auf den Ursprung der Störung hin.

Durch verfrühtes Zünden entsteht gleichfalls
hartes Stofsen im Motor, das sich besonders
bei geringer Umdrehungsgeschwindigkeit kurz
nach dem Anlassen und nach ausgebliebenen

Zündungen wie ein heftiger Hammerschlag bemerkbar macht. Ist der untere Teil der Cylinderbohrung stark ausgearbeitet, so hört man nach
jedem Arbeitshub dumpfes Klopfen im Motor, her-
rührend von dem Stoſs, mit welchem der von
einer Seite der Cylinderwandung auf die andere
geworfene Kolben aufschlägt.

Wo sich diese Töne hören lassen, da ist es
hohe Zeit, den Cylinder nachbohren zu lassen.

Kapitel V.

Über Gefahren und Vorsichtsmafsregeln beim Umgang mit Gasmotoren.

Wie jede Maschine, so birgt auch der Gas-motor ihm eigene, besondere Gefahren in sich, von deren Vorhandensein jeder Kenntnis haben mufs, der mit ihm umzugehen hat.

Die Gefahren, welche Undichtigkeiten der Gas-leitungen hervorrufen, sind bekannt; ihnen vor-zubeugen, erheischt beim Gasmotor gröfsere Auf-merksamkeit, wie dies bei den festliegenden und nach ihrer Fertigstellung sorgfältig probirten Leucht-gas-Leitungen der Fall ist.

Beim Gasmotor ist es häufig nötig, diese oder jene Verbindung der Gasleitung zu lösen, Vibra-tionen und Stöfse tragen dazu bei, die Verbindungen zu lockern. Nach jeder neuen Zusammenstellung von Ventilen und Gasleitungen etc. soll man alle Verbindungsstellen sorgfältig auf Dichthalten prüfen und namentlich jedesmal auch den festen, dichten Sitz der Gummibeutel kontroliren.

Es mag hier darauf hingewiesen werden, dafs eine soeben verbundene Gasleitung durch das bei Leuchtgasleitungen übliche »Ableuchten« nur sehr mangelhaft untersucht werden kann.

K l e i n e Undichtigkeiten findet man in dieser Weise überhaupt nicht, da den Öffnungen unmittel-

bar nach der Zusammensetzung nur Luft oder nicht
brennbares Gasgemisch entströmt.

Besser bewährt sich das Bestreichen der Fugen
mit Seifenwasser oder Öl, die dann an den undichten Stellen auftretende Blasenbildung zeigt auch
die geringfügigsten Undichtigkeiten an.

Das im Ladungsraum und den Ventilgehäusen
beim Stillstand eines Gasmotors zurückbleibende
Gasgemisch erhält sich in seiner Mischung und in
der Fähigkeit zu explodiren, für immer.

Wo man also einen Gasmotor zu untersuchen
hat, da soll immer angenommen werden, jeder
seiner Hohlräume sei mit explosiblem Gasgemisch
erfüllt. Bevor irgend etwas geöffnet oder abgenom-
men wird, sind immer die Zündflammen zu
löschen, und der Gashahn am Motor zu
schliefsen. Erst wenn man dann das
Schwungrad noch 5 oder 6 Mal herum-
gedreht hat, kann man sicher sein, dafs
nun im Innern des Motors kein explo-
sibles Gasgemisch mehr vorhanden ist.

Es ist, das mag ganz besonders hervorgehoben
werden, sehr gefährlich, den Kolben eines soeben
angehaltenen Gasmotors herauszunehmen, ohne
vorher Zündflammenhahn und Gashahn geschlossen
zu haben.

Immer ist nämlich die Möglichkeit vorhanden,
dafs der Motor so steht, oder so gedreht wird, dafs,
während man den Kolben herauszieht, die Zündflamme in das Innere des Cylinders gelangen kann,
die dann unausbleiblich folgende Explosion des
Cylinderinhaltes wirft den Kolben mit solcher Kraft
heraus, dafs schwere Unglücksfälle dadurch herbei-
geführt worden sind.

Eben so üble Folgen kann es haben, wenn
man das Auslafsventil des soeben angehaltenen
Motors öffnet und mit einer Flamme in das Innere
des Gehäuses hineinleuchtet, wie das ja zur ge-
nauen Besichtigung der Ventildichtflächen häufig
nötig ist. Das unter solchen Verhältnissen entzün-
dete Gemisch würde als lange Stichflamme aus der
Ventilöffnung hervorschiefsen und zu schweren
Verbrennungen Veranlassung geben können.

Man mache es sich zum Gesetz, n i e i n e i n e
Öffnung des Gasmotors hineinzusehen,
ohne vorher, von gesichertem Platze
aus, eine Flamme einige Zeit in die Öffnung hineingehalten zu haben.
Bei den meisten der gebräuchlichen Ventil-
zündungen ist der Fall denkbar, dafs bei gröfseren
Motoren die anlassende Person, falls sie die Kompression nicht überwinden kann und sich vom
zurückstrebenden Rade mitziehen läfst, über den
Motor hinüber geschleudert wird. Solche Zündvor-
richtungen wirken nämlich nicht nur im toten
Punkt, sondern auch während der Kompressionsperiode, etwa in der Mitte des Hubes, falls der
Motor sich rückwärts bewegt.

Wie bei allen anderen Maschinen, so ist es
auch bei den Gasmotoren eine nicht genug zu
beherzigende Vorsichtsmafsregel, bewegte Maschi-
nenteile während des Ganges nicht zu berühren,
und das Abwischen und Reinigen des Motors nur
beim Stillstand vorzunehmen.

Man berühre auch die r u h e n d e n Teile eines
arbeitenden Motors so wenig wie möglich. Nie darf
eine Mutter während des Ganges nachgezogen oder
gelöst werden; ist man scheinbar auch ganz aufser
Bereich der bewegten Teile, der Schlüssel kann
abgleiten und der vorschnellende Körper dennoch
in Gefahr geraten. Nicht genug ist davor zu
warnen, die Pleuelstange eines arbeitenden Motors
anzufassen. Wird die Stange zu hoch ergriffen, so
gerät sie in den Kurbeleinschnitt und schwere
Quetschungen sind unvermeidlich.

Das Schwungrad soll mit einem Schutzgitter
umgeben sein, dessen eine Hälfte beim Anlassen
zur Seite geklappt oder geschoben werden kann.
Die Kurbel, der Regulator, sowie alle Zahnräder
sind mit Schutzkapseln und Schutzblechen zu versehen.

Eine sehr verbreitete Unsitte ist es, beim Anlassen kleiner Gasmotoren den Riemen von der
Scheibe zu werfen und später, wenn sich der Motor
in Betrieb gesetzt hat, denselben mit der Hand

wieder aufzulegen. Auch der Geübteste kann
einen Fehlgriff thun, die Hand kann zwischen
Riemen und Scheibe oder gar zwischen die Schwung-
radspeichen geraten; wo die Riemscheibe in Kopf-
höhe liegt, ist die Gefahr besonders grofs, der etwa
nicht fassende, seitlich abspringende Riemen hat
zu schweren Verletzungen im Gesicht geführt.

Kapitel VI.

Das Leuchtgas in seiner Eigenschaft als Krafterzeugungsmittel.

Von allen Brennstoffen, welche uns die Natur darbietet, hat die Steinkohle den gröfsten Brenn-wert, die Wärmemenge, welche dieselbe bei der Verbrennung liefert, ist viel gröfser, wie man bei oberflächlicher Betrachtung anzunehmen geneigt ist. $^2/_3$ kg Steinkohle, entsprechend einem Würfel Kohle von 8 cm Seite, sind imstande, bei ihrer Verbrennung in einer gröfseren, gut konstruirten Dampfmaschinen - Anlage, eine Stunde hindurch eine volle Pferdekraft zu erzeugen. Bedenkt man nun, dafs unsere besten Dampfmaschinen nur 12—14 % des theoretischen Wärmequantums, wel-ches im Brennmaterial steckt, nutzbar machen können, so bekommt man erst den rechten Begriff von dem Wert der Steinkohle. Gäbe es einen vollkommenen Wärmemotor, so würde schon ein Würfel Steinkohle von weniger denn 4 cm Seite ausreichen, 1 Stunde hindurch 1 Pferdekraft zu erzeugen.

Leider sind die Steinkohlen nicht in uner-schöpflicher Menge vorhanden, wie bekannt, läfst sich berechnen, dafs alle Steinkohlenlager in ab-sehbarer Zeit erschöpft sein werden. Mag nun auch noch manches Jahrhundert darüber hingehen, so steht doch soviel fest, dafs dies wertvollste aller Brennmateralien von Generation zu Generation teurer werden wird, dafs wir mit Rücksicht auf unsere Nachkommen damit sparen und bemüht sein sollten, alle jene Einrichtungen, Apparate und Maschinen zu vervollkommnen, welche bei Verwertung der Steinkohle in Frage kommen.

In hervorragendster Weise hat sich um die rationelle Verwertung der Steinkohlen die Leuchtgas-Industrie verdient gemacht. Durch Zerlegung der Kohle in festen nnd gasförmigen Brennstoff, stellt sie uns in letzterem ein Brennmaterial von chemischer Reinheit her, das sich zur vollkommenen Verbrennung und vollkommenen Nutzbarmachung der erzeugten Wärme ganz vorzüglich eignet. Aufserdem gehört die Leuchtgasfabrikation zu jenen Industrien, die ohne Abfallprodukte arbeiten, d. h. kein Bestandteil der Steinkohle, welche als Rohmaterial in die Fabrik hineinwandert, bleibt unbenutzt in derselben zurück.

Sehr bald nach der allgemeinen Einführung der Gasbeleuchtung erkannte man, dafs das Leuchtgas neben seiner Verwendung als Leuchtmittel ganz besonders zur Krafterzeugung geeignet sei, mufsten doch die von Zeit zu Zeit auftretenden Gasexplosionen zum Erfinden von Kraftmaschinen geradezu hindrängen. Vielfach und von dem besten Erfolg begleitet, sind denn auch von jeher die Bemühungen gewesen, Gasmotoren zu konstruiren und die vorhandenen zu vervollkommnen.

Um ein richtiges Verständnifs von dem Wesen der Gasmotoren zu gewinnen, ist es von Wichtigkeit, die Erscheinungen und Gesetze kennen zu lernen, unter welchen das mit Luft vermischte Leuchtgas in geschlossenen Räumen verbrennt.

Leuchtgas und Luft mischen sich in allen Verhältnissen. Von Bedeutung für Gasmotoren sind jedoch nur die Mischungen, welche die Eigenschaft besitzen, im geschlossenen Raum, also ohne Berührung mit der äufseren Luft, entzündbar zu sein und durch ihre ganze Masse hindurch unter Druckentwickelung zu verbrennen.

Es fängt die Mischung von 1 Teil Leuchtgas und 4 Teilen Luft an, mit Druckentwickelung zu

verbrennen und hört in dem Verhältniss von
1 : 12 gemischt auf, entzündbar zu sein, atmosphä-
rische Spannung beider Gase vor der Entzündung
vorausgesetzt.

Zwischen den Grenzen von 1 : 4 und 1 : 12 liegt
ein Mischungsverhältnifs, bei welchem genau soviel
Luft vorhanden ist, wie zur »vollkommenen Verbrennung« des Gasquantums der Mischung gehört, d. h.
alle Teile des Gases haben dann an der chemischen Verbindung mit Sauerstoff teilgenommen
und in dem Produkt der Verbindung ist über-
schüssiger Sauerstoff nicht mehr enthalten. Leicht
erklärlich ist, dafs dieses Gemisch mit gröfster
Druckentwickelung verbrennen mufs und nennt
man dasselbe wohl »das stärkste Gemisch«. Das
Mischungsverhältnifs dieses stärksten Gemisches ist
1 : 5½, je nach der Qualität des Gases variirt die
Zusammensetzung etwas, je gröfser die Leuchtstärke
des Gases, um so geringer der Gasgehalt.

Die Schnelligkeit, mit welcher die Mischung
von Gas und Luft erfolgt, wird durch das Diffusions-
vermögen beider Gasarten wesentlich beschleunigt,
es gibt Gasmotoren, bei denen für die Gemischbildung nur der 12. Teil einer Sekunde zur Verfügung steht.

Durch Kompression des Gasgemisches vor
der Entzündung läfst sich die Druckäuferung des
verbrennenden Gasgemisches verstärken. Aus Versuchen, welche in dieser Beziehung mit »stärkstem
Gasgemisch« angestellt wurden, ergaben sich die
in folgender Tabelle zusammengestellten Werte.

Zusammensetzung des Gemisches	Kompressions-grad	Höchster Druck bei der Verbrennung
1 : 5,6	Atm. Spannung	9 Atm.
1 : 5,6	1 Atm.	15,5 »
1 : 5,6	2 »	22 »
1 : 5,6	3 »	28 »

Für die Verbrennungsgeschwindigkeit ergab
sich aus diesen Versuchen, dafs dieselbe für alle
Kompressionsgrade fast den gleichen Wert hatte.

Die Versuche wurden unter Verhältnissen vorgenommen, wie sie der Gasmotoren - Praxis entsprechen. Ganz bedeutend abweichende Resultate erhält man, wenn für den Verbrennungsraum nicht kurze weite Räume, ähnlich den Ladungsräumen des Gasmotoren, sondern lang gestreckte Röhren gewählt wurden.

An Stelle der sonst stetig ansteigenden Verbrennungs-Kurve des Indicator-Diagramms bildet sich jetzt eine Kurve von zickzackartiger Gestalt, die auf Druckschwankungen von enormer Gröfse im Laufe der Verbrennung hinweist.

Das in den heute gebräuchlichen Gasmotoren zur Verwendung kommende Gasgemisch hat nicht die Zusammensetzung des »stärksten Gemisches«, durch die Praxis hat sich vielmehr herausgestellt, dafs es ökonomischer ist, schwächere Mischungen zu verwenden.

Es werden also die in der vorstehenden Tabelle aufgeführten Spannungen im Gasmotor nicht erreicht. Je nach der Qualität des Gases liegt das Mischungs-Verhältnifs des Gasmotoren-Gemisches zwischen 1 : 6 und 1 : 7. Hierbei ist zu beachten, dafs durch die im Ladungsraum von der vorautgegangenen Arbeitsperiode zurückgebliebenen Verbrennungsprodukte nochmals eine Verdünnung des angesaugten Gemisches stattfindet.

Die Querschnittsverhältnisse der Kanäle, aus denen man Gas und Luft zusammenführt, um das Mischungsverhältnifs von 1 Teil Gas und 6 oder 7 Teilen Luft zu erreichen, entsprechen nicht diesen Zahlen, wie häufig angenommen wird, sie sind wesentlich anders.

Da nämlich das Gas unter Druck steht und bedeutend leichter wie Luft ist, so ist der Querschnitt für die Gasöffnung nur $^1/_{12}$—$^1/_{14}$ von dem der Luftöffnung.

Von besonderem Wert für die Kenntnis des Verbrennungsvorganges in Gasmotoren sind die 1857 von Robert Bunsen in seinem Werke »Gasometrische Methoden« veröffentlichten Versuche gewesen.

Bunsen wies nach, dafs Gasgemische, welche

durch Luftüberschuſs die Grenze der Entzündungsfähigkeit überschritten hatten, oder durch Bei-
mengung anderer indifferenter Gase unentzündbar
geworden waren, die Entzündungsfähigkeit durch
Kompression bis zu bestimmter Stärke wieder er-
langen konnten. Ferner, daſs die Schnelligkeit
der Verbrennung bzw. die Druckentwickelung mit
Verminderung des Gasgehaltes der Mischung abnimmt. Bei dünnen Mischungen verliert sich ganz
der Charakter der Explosion, es tritt eine so lang-
same Verbrennung ein, daſs man das Fortschreiten
der chemischen Verbindung beider Gase mit dem
Auge deutlich verfolgen kann, wenn die Versuche
in starkwandigen Glasröhren vorgenommen werden.

Während die älteren Gasmotoren von Lenoir
Hugon und Bisschop, welche mit reinem Gasgemisch
und ohne Kompression arbeiteten, den Dampfmaschinen bezüglich der Ökonomie im Brenn-
materialverbrauch nicht ebenbürtig waren, — dieselben verbrauchten bis zu 4 cbm Gas pro Stunde
und Pferdekraft, — sind die neuen Gasmotoren,
bei denen man das reine Gasgemisch durch die
Rückstände der voraufgegangenen Verbrennung
verdünnt und dann komprimirt zur Verbrennung
bringt, den besten Dampfmaschinen hinsichtlich
der Wärmeökonomie fast um das Doppelte über-
legen *).

Aus den Bemühungen der älteren Gasmaschinen-
Konstrukteure Lenoir und Hugon; ihren Gasmotoren
durch Verdünnung des reinen Gasgemisches mit
Wasserdampf, — welcher durch Einspritzen geringer Quantitäten Wassers in den heiſsen Cylinder
gebildet wurde — einen besseren ökonomischen
Effekt zu geben, geht hervor, daſs diese Erfinder
ahnten, nach welcher Richtung Vervollkommnung
zu erstreben war, ohne Zweifel ist ihnen auch
die Vorteil verheiſsende Anwendung komprimirter
Gasgemische bekannt gewesen, denn man findet
in Abhandlungen über Gasmotoren, welche gleich

---

*) Hierbei ist zu berücksichtigen, daſs 1 Wärme-
einheit, aus Leuchtgas erzeugt, 9—10 mal soviel kostet,
wie 1 Wärmeeinheit aus Steinkohle.

nach dem Auftauchen der Lenoir'schen Maschine
erschienen, klar und deutlich ausgesprochen, daſs
die Lenoir'sche Gas-Maschine einen bedeutend
besseren Effekt haben würde, wenn in ihr das
Gasgemisch komprimirt zur Verbrennung käme.

Trotzdem waren aber alle Bemühungen der
genannten Konstrukteure ohne Erfolg, als eigent-
licher Erfinder des heutigen Gasmotors gilt der
im Jahre 1890 verstorbene Dr. N. A. Otto, Begründer
der Deutzer Gasmotorenfabrik. Seinen Bemühungen
gelang es, einen Kompressions-Gasmotor zu schaf-
fen, der geringen Gasverbrauch mit stoſsfreiem
Gang und sicherer Zündung vereinte und dessen
Arbeitsprinzip bis heute allen Gasmotoren-Systemen
zu Grunde gelegt wird.

Die Hauptschwierigkeit bei Benutzung komprimirter Gasgemische liegt in der Schaffung einer
sicher wirkenden Zündung, denn die bis dahin
üblichen Flammenzündungen waren für komprimirtes Gemisch unbrauchbar; auſserdem stand
das stark verdünnte Gemisch, welches man zur
Verbrennung bringen muſste, um einen stoſsfreien
Gang zu erzielen, überhaupt hart an der Grenze
der Entzündbarkeit.

Mit den denkbar einfachsten Mitteln hat Otto
es verstanden, das Problem der Entzündung und
vorteilhaften Verbrennung verdünnter komprimirter
Gemische zu lösen, er zerlegte die Ladung in 2
Teile, von denen man den einen als »Treib-Ladung«,
den anderen als »Zünd-Ladung« bezeichnen kann.
Diese Trennung der Ladung wurde durch die Form
des Ladungsraumes bewirkt, wie sie in Fig. 10 dar-
gestellt ist.

Fig. 10.

Vor Beginn des Ansaugens frischen Gemisches
sind beide Teile des Ladungsraumes *a* und *b* mit
den Verbrennungsrückständen der voraufgegan-

genen Arbeitsperiode erfüllt. Nach dem Einnehmen
der neuen Ladung muſs in a reines leicht entzünd-
bares Gemisch und in b infolge Verdünnung mit
Verbrennungsrückständen, ein schwer entzündliches,
langsam brennendes Gemisch stehen, denn die neue
Ladung, welche durch den langgestreckten, ver-
hältnismäſsig engen Raum a eintritt, fegt hier alle
Verbrennungsrückstände aus und schiebt sie nach
b, wo sie sich mit dem frischen Gemisch und den
dort schon befindlichen Rückständen mengen und
die Treibladung bilden.

Vor dem Raum a befindet sich der Zündapparat, welcher das dort stehende reine unver-
dünnte Gemisch im gegebenen Moment mit Sicherheit entzünden kann. Als Folge der eintretenden
Volumenvergröſserung fährt ein Strahl hoch
erhitzter Gase in die Treibladung und das
sonst schwer entzündliche Gemisch wird mit Sicherheit in allen Teilen zur Verbrennung gebracht,
weil der hineinschieſsende Strahl die Kompression des dünnen Gemisches erhöht, es
hierdurch zündungsfähiger macht und
gleichzeitig die Zündungstemperatur in
weiter Ausdehnung hineinträgt (siehe
Fig. 10).

Aus diesen Betrachtungen geht hervor, daſs
Inhalt und Form des Raumes a von Einfluſs auf
den Verlauf der Verbrennung des Treibgemisches
sein müssen, daſs durch Änderung in der Form
von a die Druckentwickelung dem Gang des Motors
angepaſst werden kann.

Wer Gelegenheit hat, sich in der Gasmotoren-
Praxis zu beschäftigen, wird sehr bald die Bemerkung machen, daſs die Art der Zündung, ob Flam-
menzündung, elektrische oder solche durch Glüh-
körper, von Einfluſs auf die Form des Diagrammes
bzw. der Druckentwickelung ist.

Aus Versuchen, welche zur Ergründung dieser
Erscheinung angestellt wurden, ergab sich das
überraschende Resultat, daſs man verdünntes Gemisch, wie es als »Treibladung« im Otto'schen
Motor steht, durch den elektrischen Funken von
geeigneter Form an jeden Ort des Laderaumes

ganz ohne Vermittelung der Zündladung und des
Zündkanales entzünden kann, daſs das unter solchen
Umständen genommene Indicator-Diagramm eine
Druckentwickelung anzeigt, die von der im normalen
Otto'schen Motor kaum zu unterscheiden ist und
gibt es somit noch ein anderes Mittel, den gleichen
Effekt wie beim Otto'schen Motor, zu erzielen.

Wie schon angedeutet, muſs aber die elektrische
Zündung von besonderer Art sein, mit einem einzelnen elektrischen Funken, welcher auf geringe
Entfernung (unter 4 mm) überspringt, ist der be-
absichtigte Zweck nicht zu erreichen, vielmehr
muſs man mittels eines »Funken-Induktors« eine
ganze Schar von Funken erzeugen, die mit voller
Sicherheit auf 4—5 mm Spitzenentfernung überspringen. Je weiter man den Zündpunkt im
Ladungsraum von dem Einströmungs- oder Ent-
stehungsort des Ladungs-Gemisches fortlegt, um
so unsicherer wird die Zündwirkung des elektrischen
Funkens. Jedoch lassen sich auch in solchen
Fällen immer noch Diagramme von guter und
gleichbleibender Form erreichen, wenn die Funken-
schar schon vor Beendigung der Kompression erzeugt wird, ferner ist es in solchen Fällen von
guter Wirkung, wenn man die Funken nicht von
zwei einzelnen gegeneinander gerichteten Spitzen
überspringen läſst, sondern eine ganze Reihe von
Spitzen gegenüberstellt.

Vorausgesetzt bei dieser Zündmethode ist, daſs
die Bildung der Ladung — für die nur geringe
Zeit zur Verfügung steht — mit solcher Intensität
vor. sich geht, daſs Gasteilchen auch wirklich bis
zum Zündort gelangen, und man darf nicht erwarten, daſs der Motor bei solchen Versuchen
immer leicht in Gang zu setzen wäre. Beim Drehen
mit der Hand tritt der frische Gemischstrom nicht
mit der Intensität ein, daſs er alle, auch die ent-
legensten Teile des Ladungsraumes, erreichen
könnte, die erste Zündung wird immer erst dann
erfolgen, wenn sich der Gasgehalt der Ladung infolge wiederholter Einnahme frischen Gemisches,
ohne nachfolgende Zündung, angereichert hat.
Ist dann aber der erste Kraftimpuls da und hier-

durch der Gang des Motors beschleunigt, so geht
auch gleich die Einströmung des frischen Gemisches
mit solcher Energie vor sich, daſs Gas- und Luft-
teilchen bis in alle Ecken und Winkel des Ladungsraumes gelangen und noch in wirbelnder Bewegung verharren, während die Funken-
Schar die Zündungstemperatur in die Ladung
hineinträgt.

———————

Kapitel VII.

Tabellen.

1. Gasrohrleitung.

Größe des Motors	$\frac{1}{2}$	1	2	4	6	8	10	12	16	20	25	Pferdekraft.
Vom Motor bis zum Gummibeutel	$\frac{1}{2}$	$\frac{3}{4}$	$\frac{3}{4}$	1	$1\frac{1}{4}$	$1\frac{1}{4}$	$1\frac{1}{4}$	$1\frac{1}{4}$	$1\frac{1}{2}$	$1\frac{1}{2}$	2	Zoll engl.
Vom Gummibeutel bis auf 20 m	$\frac{3}{4}$	$1\frac{1}{4}$	$1\frac{1}{4}$	$1\frac{1}{2}$	2	2	$2\frac{1}{2}$	$2\frac{1}{2}$	3	3	90 mm	Zoll engl. u. mm
Über 20 m bis zur Straßenleitung	1	$1\frac{1}{2}$	$1\frac{1}{2}$	2	$2\frac{1}{2}$	$2\frac{1}{2}$	3	3	90 mm	90 mm	100 mm	Zoll engl. u. mm
Zündflammenleitg.	$\frac{1}{4}$	$\frac{1}{4}$	$\frac{1}{4}$	$\frac{1}{4}$	$\frac{1}{4}$	$\frac{1}{4}$	$\frac{1}{4}$	$\frac{1}{2}$	$\frac{3}{4}$	$\frac{3}{4}$	$\frac{3}{4}$	Zoll engl.

2. Gasuhren.

Größe des Motors	$\frac{1}{2}$	1	2	4	6	8	10	12	16	20	25	Pferdekraft
Flammenzahl	5	10	20	30	60	60	80	100	150	150	150	

3. Kühlwasserleitung bei Anwendung von „Druckwasser".

Größe des Motors	$\frac{1}{2}$	1	2	4	6	8	10	12	16	20	25	Pferdekraft
Zuleitung	$\frac{1}{4}$	$\frac{1}{4}$	$\frac{1}{4}$	$\frac{1}{4}$	$\frac{1}{2}$	$\frac{1}{2}$	$\frac{1}{2}$	$\frac{1}{2}$	$\frac{1}{2}$	$\frac{1}{2}$	$\frac{1}{2}$	Zoll engl.
Ableitung	$\frac{3}{4}$	$\frac{3}{4}$	$\frac{3}{4}$	$\frac{3}{4}$	1	1	$1\frac{1}{4}$	$1\frac{1}{4}$	$1\frac{1}{4}$	$1\frac{1}{2}$	$1\frac{1}{2}$	Zoll engl.

4. Kühlwasserleitung bei Anwendung von Kühlgefäßen oder Rippenkühlern.

Größe des Motors	$\frac{1}{2}$	1	2	4	6	8	Pferdekraft
Leitung bis 3 m lang	$\frac{3}{4}$	1	1	$1\frac{1}{2}$	$1\frac{1}{2}$	$1\frac{1}{2}$	Zoll engl.
Über 3 m Länge	1	$1\frac{1}{2}$	$1\frac{1}{2}$	2	2	2	Zoll engl.

5. Auspuffleitung.

Gröfse des Motors	$1/2$	1	2	4	6	8	10	12	16	20	25	Pferde-kraft
Leitung bis 10 m lang	1	$1^1/_4$	$1^1/_2$	2	$2^1/_2$	3	90 mm	90 mm	125 mm	125 mm	125 mm	Zoll engl. u. mm
Über 10 m Länge	$1^1/_2$	$1^1/_2$	2	$2^1/_2$	80 mm	90 mm	100 mm	100 mm	125 mm	125 mm	125 mm	Zoll engl. u. mm

6. Dimensionen der Kühlgefäfse.

Gröfse des Motors	$1/2$	1	2	4	6	8	Pferdekraft
Durchmesser . .	500	620	750	950	2 Stück 950	2 Stück 950	mm
Höhe des Gefäfses	1500	1500	1700	2000	2000	2000	mm
Blechstärke der Wand	1	1	1	$1^1/_4$	$1^1/_4$	$1^1/_4$	mm verzinktes Eisenblech
Blechstärke des Bodens . . .	$1^1/_4$	$1^1/_4$	$1^1/_2$	2	2	2	mm verzinktes Eisenblech

7. Riemscheiben-Dimensionen und Umdrehungszahlen von Gasmotoren.*)

Gröfse des Motors	$1/2$	1	2	4	6	8	10	12	16	20	25	Pferde-kraft
Durchmesser der Riemscheibe .	200	300	400	600	750	950	1000	1200	900	1000	1200	mm
Breite der Riem-scheibe . . .	110	150	170	250	290	310	350	350	2×300	2×350	2×350	mm
Riemenbreite . .	50	70	80	120	140	150	170	170	2×140	2×170	2×170	mm
Umdrehungen p. Minute . . .	200	180	180	160	160	160	140	140	140	140	140	

*) Die angegebenen Zahlen sind Mittelwerte, von denen die verschiedenen Fabriken wenig abweichen.

Druck von R. Oldenbourg in München.

Verlag von **R. Oldenbourg** in **München** und **Leipzig.**

Handbuch für Steinkohlengasbeleuchtung von **Dr. N. H. Schilling.** 3. umgearbeitete und vermehrte Auflage. 90 Bg. Text, 77 Tafeln und 388 Holzschnitte. Preis brosch. M. 49.40, in Calico geb. M. 54. — Den neu hinzutretenden Abnehmern des Schilling'schen Handbuches wird das vor Kurzem erschienene Werk von Dr. Eugen Schilling „Neuerungen auf dem Gebiete der Erzeugung und Verwendung des Steinkohlen-Leuchtgases" gratis verabfolgt.

Neuerungen auf dem Gebiete der Erzeugung und Verwendung des Steinkohlen-Leuchtgases, zugleich Nachtrag zu Schillings Handbuch f. Steinkohlengasbeleuchtung, von **Dr. Eugen Schilling,** Direktor der Gasbeleuchtungs-Gesellschaft in München. 33 Bg. mit 196 Abbildungen. Preis brosch. M. 12.—, in Leinwand geb. M. 13.20.

Das Gas als Brennstoff im Dienste der Hauswirtschaft. Unter ausschliesslicher Bedachtnahme auf die neuesten und vorzüglichsten Gas-Koch- und Heiz-Vorrichtungen zum praktischen Gebrauch für Hausfrauen, Installateure u. Bautechniker volkstümlich erläutert von Ingenieur **D. Coglievina.** Mit 30 Abbildungen. Preis brosch. M. 1.—, kart. M. 1.20.

Kalender für Gas- und Wasserfach-Techniker. Zum Gebrauche für Dirigenten und technische Beamte der Gas- und Wasserwerke, sowie für Gas- und Wasser-Installateure. Bearb. von **G. F. Schaar,** Ingenieur. 16 Jahrgang 1893. Mit einer $9^1/_2$ Bg. umfassenden Beilage. Preis des in Leder gebundenen Kalenders nebst Beilage M. 5.—.

Tabelle der Wassermengen pro Minute und Widerstandshöhen für Röhrenleitungen. Aufgestellt von **H. Halbertsma.** (Separat-Abdruck aus dem Journal für Gasbeleuchtung und Wasserversorgung, 1892 Nr. 9.) Preis 10 Pfg. per Exemplar.

Dr. N. H. Schilling's Statistische Mitteilungen über die Gasanstalten Deutschlands, Österreichs und der Schweiz, sowie einiger Gasanstalten anderer Länder. Von **Lothar Diehl,** Betriebs-Direktor der Gasanstalten zu München. Vierte stark vermehrte Auflage. Lex. 8^0. 840 Seiten. Preis geb. M. 15.—.

Die Art der Wasserversorgung der Städte des Deutschen Reiches mit mehr als 5000 Einwohnern. Statistische Erhebungen, gesammelt und zusammengestellt von **E. Grahn.** Gr. 8^0. XXIV und 340 Seiten. Mit einer Karte in Farbendruck. Preis geb. M. 10.—.

Handbuch der Mineralöl-Gasbeleuchtung und der Gasbereitungs-Öle von **F. N. Küchler** in Weissenfels (Thüringen). Anleitung für den Bau und Betrieb von Mineralöl-Gasanstalten zum praktischen Gebrauche. Mit 21 lithographierten Tafeln. Preis geb. M. 8.—.

Schilling's Journal für Gasbeleuchtung und Wasserversorgung. Organ des Deutschen Vereins von Gas- und Wasserfachmännern. Herausgegeben von **Dr. H. Bunte**, grossh. Hofrath und Professor an der techn. Hochschule in Karlsruhe, Generalsekretär des Vereins. Monatlich 3 Nummern. Preis des mit dem Kalenderjahr beginnenden Jahrgangs M. 20.—, bei direktem oder Postbezug wird ein Portozuschlag erhoben.

Die Berechnung der Kanäle und Rohrleitungen nach einem neuen einheitlichen System mittels logarithmographischer Tafeln von **Albert Frank**, Privatdocent an der technischen Hochschule zu München. Lex. 8⁰. VIII und 48 Seiten mit 11 in den Text eingedruckten Holzschnitten und IX lithograph. Tafeln. Preis geb. M. 7.—.

Die Steinkohlen Deutschlands und anderer Länder Europas. Ihre Natur, Lagerungsverhältnisse, Verbreitung, Geschichte, Statistik und technische Verwendung. Von **Dr. H. B. Geinitz, Dr. H. Fleck** und **Dr. E. Hartig**, Professoren an der kgl. polytech. Schule in Dresden. 2 Bände in gr. 4⁰. Statt für 63 M. für 24 M. (Der zweite Band wird auch einzeln für 10 M. abgegeben.)

Geschichte der Technologie seit der Mitte des achtzehnten Jahrhunderts von **Karl Karmarsch**. 8⁰. VII und 932 Seiten. Preis M. 11.—.

Gesundheits-Ingenieur. Unter besonderer Mitwirkung von A. Herzberg, Civilingenieur in Berlin, H. Rietschel, Professor an der techn. Hochschule in Berlin, K. Hartmann, kais. Regierungs-Rat im Reichs-Versicherungs-Amt in Berlin, H. Schmieden, kgl. Baurat in Berlin, o. Mitglied der Akademie des Bauwesens, Dr. Fr. Renk, Professor a. d. Universität Halle u. Direktor des hygien. Instituts daselbst, herausgegeben von **G. Anklamm**, Ingenieur und Betriebsleiter der städt. Wasserwerke zu Tegel bei Berlin. Monatlich zwei Nummern. Preis pro Semester M. 8. — Für Mitglieder des Deutschen Vereins von Gas- und Wasserfachmännern, sofern dieselben Abonnenten des Journals für Gasbeleuchtung und Wasserversorgung sind, beträgt der Abonnementspreis pro Semester M. 6.—.

Kalender für Elektrotechniker. Herausgegeben von **F. Uppenborn**, Ingenieur und Chef-Redakteur der Elektrotechn. Zeitschrift in Berlin. 10. Jahrgang 1893. Mit 226 Abbildungen und einer Tafel. In Brieftaschenform (Leder) geb. Preis M. 4.

Taschenbuch für Monteure elektrischer Beleuchtungsanlagen. Von **S. Freiherr von Gaisberg**. Mit zahlreichen in den Text gedruckten Abbildungen. 6. Auflage. In Leinwand geb. Preis M. 2.50.

Zu beziehen durch jede Buchhandlung.

www.ingramcontent.com/pod-product-compliance
Lightning Source LLC
Chambersburg PA
CBHW031415180326
41458CB00002B/376